普通高等学校"十四五"规划机械类专业精品教材

粉体力学与设备

主　编　叶　涛
副主编　胥　军　车　勇　吴敬兵

华中科技大学出版社
中国·武汉

内 容 提 要

本书以粉体力学基本理论为基础,以粉体工程操作单元为主线,介绍了相关机械设备的工作原理及性能特点,主要包括颗粒的物性、粉体的性能与表征、粉体力学基础理论,并阐述了粉体加工过程的部分操作单元,包括粉体的粉碎、混合与均化、造粒和输送。此外,还介绍了粉体的数值模拟。本书可作为本科过程装备与控制工程专业、机械设计制造及其自动化专业(建材装备方向)的专业教材,也可作为建材行业相关从业人员的参考用书或自学用书。

本书深入浅出,注重实践,力求使学生掌握常用粉体力学及其工程应用的基础知识,为后续课程学习及将来从事粉体工程领域的研究、生产、设计等工作奠定必要的理论基础。

粉体力学与设备 / 叶涛主编. -- 武汉:华中科技大学出版社,2024.11. -- ISBN 978-7-5772-0028-6
Ⅰ. TB44;TD451
中国国家版本馆 CIP 数据核字第 2024EA1646 号

粉体力学与设备
Fenti Lixue yu Shebei

叶 涛 主编

策划编辑:余伯仲
责任编辑:程 青
封面设计:原色设计
责任监印:朱 玢

出版发行:华中科技大学出版社(中国·武汉)　　电话:(027)81321913
　　　　　武汉市东湖新技术开发区华工科技园　　邮编:430223
录　　排:武汉三月禾文化传播有限公司
印　　刷:武汉科源印刷设计有限公司
开　　本:787mm×1092mm　1/16
印　　张:11
字　　数:260 千字
版　　次:2024 年 11 月第 1 版第 1 次印刷
定　　价:39.80 元

本书若有印装质量问题,请向出版社营销中心调换
全国免费服务热线:400-6679-118　竭诚为您服务
版权所有　侵权必究

前　言

"粉体力学与设备"是面向过程装备与控制工程专业、机械设计制造及其自动化专业（建材装备方向）的一门交叉性、应用性和实践性强的专业主干课程。通过本课程系统的学习，学生应掌握常用粉体力学及其工程应用的相关知识，为后续课程学习及将来从事粉体工程领域的研究、生产、设计等工作奠定必要的理论基础。

全书共分九章，主要介绍了颗粒的物性，粉体的性能与表征，粉体力学基础理论，包括莫尔-库仑定律、颗粒在流体中的自由沉降、粉体的重力流动、粉体在流体中的悬浮等；介绍了粉体的粉碎方法及常见的粉碎设备的类型和用途；介绍了造粒的基本方法及影响造粒的主要因素，并论述了常用造粒设备的工作原理及特点；阐述了粉体混合的基础理论及混合质量评价指标，并介绍了常用的粉体混合方法及设备的特点和适用领域；介绍了常用的粉体输送设备的特点及适用领域；最后，对粉体数值模拟的研究方法和步骤进行了详细论述，并给出了相关应用研究成果及案例。

本书具有很强的针对性和广泛的适用性，可作为高等院校相关专业的专业课教学、课程设计以及毕业设计的教学用书，也可作为职业技术教育相关专业的专业课教学用书，还可作为水泥企业工程技术人员的参考用书。

本书由武汉理工大学叶涛、胥军、吴敬兵、车勇编写。在本书的编写过程中，研究生杨瑞提供了高压辊磨的相关研究成果及数据并绘制了本书部分图表，郭晓浩提供了散料转载系统的部分研究成果，蒋钦、张舒、田培、耿泓雨进行了文字和公式校核工作，同时华中科技大学出版社给予了大力的支持和帮助，在此一并表示衷心感谢。

由于作者水平有限，书中难免存在不足之处，恳请广大读者批评指正，以便今后修订和补充。

编　者
2024 年 7 月 2 日

目 录

第1章 绪论 ……………………………………………………………………… (1)
  1.1 粉体的定义及其性质 ………………………………………………………… (2)
  1.2 粉体的分类及其用途 ………………………………………………………… (5)
  1.3 粉体技术在工业生产中的应用 ……………………………………………… (7)
  1.4 粉体技术研究历史简述 ……………………………………………………… (9)

第2章 颗粒的物性 …………………………………………………………… (17)
  2.1 颗粒的粒径 …………………………………………………………………… (17)
  2.2 颗粒的形状 …………………………………………………………………… (29)
  2.3 颗粒的密度与孔隙率 ………………………………………………………… (31)
  2.4 颗粒间的作用力 ……………………………………………………………… (32)
  2.5 颗粒的团聚与分散 …………………………………………………………… (36)
  本章思考题 ………………………………………………………………………… (40)

第3章 粉体的性能与表征 …………………………………………………… (42)
  3.1 堆积物性 ……………………………………………………………………… (42)
  3.2 可压缩性 ……………………………………………………………………… (47)
  3.3 摩擦特性 ……………………………………………………………………… (48)
  3.4 粉体的流动性 ………………………………………………………………… (55)
  本章思考题 ………………………………………………………………………… (58)

第4章 粉体力学基础理论 …………………………………………………… (59)
  4.1 粉体层的应力 ………………………………………………………………… (59)
  4.2 粉体的重力流动 ……………………………………………………………… (66)
  4.3 粉体与流体的相对运动 ……………………………………………………… (70)
  4.4 颗粒在流体中的悬浮 ………………………………………………………… (80)
  4.5 流化技术的应用 ……………………………………………………………… (87)
  本章思考题 ………………………………………………………………………… (92)

第5章 粉体的粉碎 …………………………………………………………… (94)
  5.1 概述 …………………………………………………………………………… (94)
  5.2 物料物理性质对粉碎过程的影响 …………………………………………… (98)
  5.3 颗粒强度 ……………………………………………………………………… (100)
  5.4 粉碎方法及粉碎功 …………………………………………………………… (102)
  5.5 粉碎机械的类型及用途 ……………………………………………………… (106)
  本章思考题 ………………………………………………………………………… (111)

第6章 造粒(粒化) (112)
6.1 造粒的目的和意义 (112)
6.2 造粒的方法 (113)
6.3 造粒的实现 (115)
6.4 造粒的机械设备 (119)
本章思考题 (124)

第7章 混合与均化 (125)
7.1 混合的基础理论 (126)
7.2 混合质量的评价 (129)
7.3 粉体混合设备 (133)
本章思考题 (143)

第8章 粉体的输送 (144)
8.1 机械输送 (144)
8.2 气力输送 (147)
本章思考题 (154)

第9章 粉体的数值模拟 (155)
9.1 粉体的数值模拟方法 (156)
9.2 基于 Rocky-DEM 的高压辊磨机粉碎效果数值模拟 (161)
9.3 散料转载系统的 DEM-FEM 耦合分析 (163)
9.4 基于 CFD 立磨全流域流场数值模拟研究 (167)
本章思考题 (168)

参考文献 (169)

第1章 绪 论

党的二十大报告指出:"建设现代化产业体系。坚持把发展经济的着力点放在实体经济上,推进新型工业化,加快建设制造强国、质量强国、航天强国、交通强国、网络强国、数字中国。实施产业基础再造工程和重大技术装备攻关工程,支持专精特新企业发展,推动制造业高端化、智能化、绿色化发展。"过程工业作为我国国民经济的支柱产业,其数字化、绿色化、智能化转型离不开粉体技术的创新与发展。

自然界中存在着很多有趣的粉体现象:例如我们慢慢地在同一个地方倾倒沙子,沙子会慢慢形成沙堆,而且沙堆会变得越来越陡峭,然而,当沙堆的表面倾斜度大到一定程度以后,细细的沙子会像流水一样沿着沙堆滚下来,沙堆会由原来稳定的静止状态,转换到一个不稳定的流动状态,在这个关键的时刻,增加一粒沙子也可能导致沙堆全面性的崩塌!而在沙堆崩塌结束后,沙堆表面又会回到稳定状态。这时,即使增加再多沙子,沙堆的表面倾斜度也保持不变。

如果你是一名滑雪或者登山爱好者,在高山雪地,可能会遇上恐怖的雪崩,有研究表明,30°~45°的斜坡上最容易发生雪崩。而连续若干小时的降雪,会令危险加倍,这也是有经验的登山者不会在大雪之后马上行动的一个关键原因。而使潜在危险演变成雪崩的诱因,可能只是滑雪板的压力、动物的行走,或者是高声尖叫这一类细小的外力作用,这种现象我们称为"雪崩效应"。

欧洲有一种叫作木斯里(穆兹利)的早餐,就是把燕麦片和巴西果等干果混合在一起,后来人们发现,每天第一个倒出木斯里的人总会得到大个的巴西果,而最后倒出木斯里的人就只能得到燕麦片,这就是著名的"巴西坚果效应",如图1-1所示。

颗粒对流

巴西坚果效应指把两种颗粒的混合物置于容器中,然后施加外加的振荡,体积比较大的颗粒会上升到表层,而较小的颗粒会沉降到底部。

颗粒对流是一种现象,颗粒受到振动会表现出与流体对流相似的循环模式,有时被描述为"巴西坚果效应"。

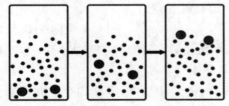

图1-1 巴西坚果效应

当我们摇动一堆不同大小的混合物,比较大、重的物体理应沉在最下面,而有时实际情况却与我们的认知大相径庭。我们可以动手做个实验,把一个硬币投入一个糖罐中,然后上下有规律地摇动,我们会发现,硬币逐渐浮现在糖罐的最上层。1998年,研究人员又发现了与之相反的"反巴西坚果效应",即大颗粒会下沉,小颗粒会上升。

总之,我们摇晃、对粉体物质进行搅拌,想充分混合这些大小不一的颗粒,最终大小颗粒却分开了,它们非但不会像固液混合那样越混合越均匀,反而呈现出分层的现象,形成了一种有序的状态。我国南朝的《世说新语》中就有这样的描述——簸之扬之,糠秕在前。洮之汰之,砂砾在后。那个时候勤劳勇敢的中国人民就已经学会利用粉体的这种现象,通过簸箕的颠、摇、晃把沙粒、谷皮等杂质从谷物中分离出来。

一些我们生活中常见的颗粒都会出现这种现象,但迄今为止,还没有一种令人信服的理论可以解释这种现象。因为我们不能简单地把粉体归结为气体、液体或固体的任何一种,所以运用现成的物理定律和公式很难解释这种现象,这就是粉体科学独特的魅力。

1.1 粉体的定义及其性质

1.1.1 粉体的定义

面粉是粉,在新型干法水泥生产中,通常把生料称为生料粉。在生活中,我们凭直觉判断什么是"粉",至于说"粉"到底是什么,它有什么内在特征和性质,它和"颗粒""块"的区别与联系是什么,什么大小的物体被称为粉体,我们是没有明确定义的。下面我们首先来对"粉"进行定义。

东汉经学家、文字学家许慎编著的《说文解字》一书,是中国最早的字典,也是世界上最早的辞书。在这本书里,这样定义"粉"——傅面者也,从米分声。从米,表示细碎之意,意思是粉是可以用来进行脸部化妆的粉末。

科学界关于粉体的定义有很多,但目前为止没有统一的标准,公认的有以下两种。

A powder is a discrete portion of matter, it's actual size is not limited, but must be small relative to the space in which it is considered.

粉体是一种分散态材料,其颗粒大小没有限制,但在其应用环境中必须是相对小的。

——Heywood

Discrete particles of dry material with a maximum dimension of less than 1000 microns.

分散态的、干的、最大粒径在 1000 μm 以下的材料。

——英国标准 B.S. 2955

在 Heywood 的定义中,没有规定粉体颗粒的大小,而英国标准把 1000 μm 以下的颗粒集合体称为粉体,即粉体一般是大量颗粒的集合体。

实际上粉体包含从很大的颗粒到很小的颗粒,范围相当广,直到如今也并没有公认的粉体大小的规定。

我们认为颗粒(particle)是小尺寸物质的通称,其几何尺寸相对所观测的空间而言足够小,这里所描述的尺寸一般在毫米到纳米之间,也称为粒子,根据其尺度的大小,常区分为颗粒(particle)、微米颗粒(micron particle)、亚微米颗粒(sub-micron particle)、超微颗粒(ultramicron particle)、纳米颗粒(nanoparticle)等。这些词汇之间有一定的区别,目前国际上正在建立相应的标准进行界定。通常粉体工程学研究的对象,是尺度界于 $10^{-9} \sim 10^{-3}$ m 范围的颗粒。

广义上说,颗粒不仅限于固体颗粒,还有液体颗粒、气体颗粒。如空气中分散的水滴(雾、云),液体中分散的液滴(乳状液),液体中分散的气泡(泡沫),固体中分散的气孔等都可视为颗粒,它们都是颗粒学的研究对象。

颗粒是粉体中的单个个体,是研究粉体的基础和出发点。粉体工程学的研究对象是大量固体颗粒的集合体,即颗粒群,颗粒是粉体材料最基本的组成单元。因此,要详细描述粉体的性质,必须先对单个颗粒进行详细描述。

综上,"粉体"和"颗粒"这两个术语,都是从几何尺寸上对材料物质所下的定义,根据不同的研究目的、研究角度和研究方法,对研究对象及学科的命名也不同。"颗粒学"侧重于研究个体颗粒,"粉体工程学"则侧重于研究粉体集合体及其工程应用等范围,例如我们可以把面粉称为小麦粉,而不称之为小麦颗粒。

总之,粉体(powder)的定义可以归纳为:粉体是大量固体颗粒的集合体,各颗粒间存在着一定的相互作用。

1.1.2 粉体的状态及其性质

一直以来,我们把物质状态分为气态、液态和固态,而颗粒物质却是一种非常特殊的物质形态,单一颗粒可以看作固体,但是当它们以成千上万的数量累积时,情况就复杂了。粉体不同于固体、液体和气体中的任何一种,反过来,我们也可以说,它集这三种形态的特点于一身。

普通的物质,比如最常见的水,其形态是以温度来衡量的,当温度高于水的沸点时,水以气态存在,温度在水的凝固点之下时,水以固态存在,温度高低是导致水的形态发生改变的重要因素。而对于颗粒物质(比如沙子),高温虽然会令单个沙粒内部的热状态发生变化,但是加热一堆沙子,得到的还是一堆沙子,但它却可以在同一个温度条件下,同时表现出固、液、气三态的特性来!

例如,倾倒一堆颗粒的时候,我们可以看到一种类似气态的纷纷扬扬的飘扬景象;而当它在地面堆积起来时,是以类似固态的形式存在的;而在堆积起来的表面流动着的颗粒,则相当于液态。虽然颗粒的散落可以看作一个气态过程,但它跟气体是有所不同的。首先,颗粒比气体分子重,不会随温度的升高而到处乱动;其次,颗粒有团聚在一起的倾向,不像气体分子那样四处飘散,它们喜欢聚在一起,然后团聚在一个地方。

水遇方成方,逢长适长,容器的形状塑造了水的形态;沙子虽然也能适应各种形状的容器,但脱离了容器,它不会像水一样平铺在地面上,而是堆积成形,保持一种亚稳态,这种看起来稳定的状态经不住小的干扰。我们调配的饮料,在搅拌之后,液体会逐渐混合均匀。而对颗粒物质施加扰动,它非但不会混合均匀,反而呈现出分层的现象,这就是我们前面所说的"巴西坚果效应"。

由于粉体在加工、处理、使用方面表现出独特的性质和不可思议的现象,尽管在物理学上没有明确界定,我们有时候也可以认为粉体是流体和固体之间的"过渡状态"。对于粉体的特点,我们可以归纳为以下几点。

(1) 粉体是固体颗粒的集合体,具有很大的比表面积(单位质量粉体的表面积),比表面积越大,越有利于化学反应的进行,从而可以强化生产过程。这就是为什么在许多过程工业的产品生产过程中,人们要想尽办法将固体变成粉体。比如,水泥生产中,首先要把块状的石灰石等原料经破碎、粉磨变成粉体,然后再经水泥回转窑烧制成块状的熟料,最后把块状的熟料再次经破碎、粉磨变成熟料粉。

料块在变成粉体的过程中,虽然它依然属于固体,化学组成和矿物结构没发生变化,但是其已经发生了质的变化,即粉体能在一定的温度、时间条件下,完成大尺寸固体颗粒所不能完成的水泥矿物合成反应及水化反应。另外,大颗粒固体具有比较大的刚度,而粉体是由各个组成颗粒间较弱的范德瓦耳斯力、摩擦力等作用组成的集合体,其相对容易变动,容易变形和发生流动现象。

(2) 组成粉体的颗粒之间的相对运动与流体(气体和液体)的流动是不同的。液体的流动性表现为水平摊开,成为一层水膜。而粉体往往可以堆积成锥形,因此粉体的流动与流体的流动是有本质区别的。

(3) 液体和气体在宏观上是连续体,粉体则是由各个独立的相互作用的颗粒组成的集合体,颗粒之间存在着空隙,空隙中填充着空气或水,所以粉体是不连续体。实际工业生产中,料仓中的结拱、堵塞,卸料时反复的冲料等现象都是由粉体是不连续体造成的。

以上是在认识论层面从各个领域归纳粉体及其加工过程中的共性问题的基础。一般来说,粉体性质包括三方面的内容,即静力学特性、动力学特性和化学性质。

1. 粉体的静力学特性

粉体的静力学特性包括两种,即与颗粒集合形态无关的基本特性和与颗粒集合形态有关的堆积特性,如图 1-2 所示。基本特性包括粒径和粒度分布、颗粒密度、颗粒形状、颗粒硬度、颗粒熔点、颗粒的化学组成、颗粒的表面化学性质等;堆积特性包括填充特性、附着性和凝聚性、粉体的压缩性、粉体的摩擦性,以及固结强度和热、电、光特性等。

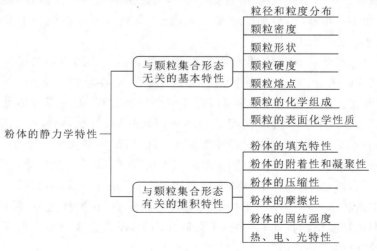

图 1-2　粉体的静力学特性

2. 粉体的动力学特性

粉体的动力学特性如图 1-3 所示。

(1) 颗粒系统的流动特性,如重力流动、机械强制流动、振动流动和压缩流动等。
(2) 二相流系统的流动特性,如粉体在气体介质中或液体介质中的重力沉降、离心沉降、气力输送、流态化、旋风分离等。
(3) 流体流动系统的特性,如透过流动、干燥、吸附等。
(4) 颗粒变形与破坏的特性,如粉体的破碎与粉磨等。

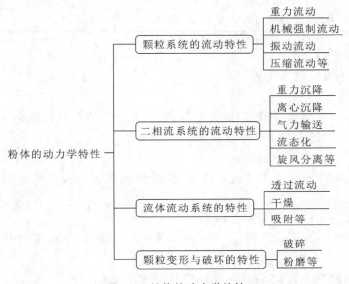

图 1-3 粉体的动力学特性

3. 粉体的化学性质

粉体的化学性质是指粉体在各加工及操作单元中发生化学变化的性质,如氧化、分解、燃烧和粉尘爆炸等。粉体的化学变化通常伴随着物理变化,如溶解、析晶、升华等。水泥厂中制备煤粉时就有煤粉燃烧和煤粉爆炸的危险,因此在这一单元操作中必须要有安全防爆措施。

1.2 粉体的分类及其用途

1.2.1 粉体的分类方法

粉体的分类方法有很多,可以按制备方法、成因、颗粒大小来分类。

1. 按粉体的制备方法分类

粉体的制备方法主要有机械粉碎法和化学制备法两大类,其特点如表 1-1 所示。

表 1-1 粉体的制备方法及其特点

制备方法	优点	缺点
机械粉碎法	成本低,颗粒团聚现象少,应用广泛	纯度低,均匀性差,几何尺寸大

续表

制备方法		优点	缺点
化学制备法	溶液法	纯度高,化学均匀性好,几何尺寸较小,组分可控性好	成本高,易团聚,不宜生产非氧化物粉体
	气相法	纯度高,几何尺寸较小,团聚较轻,适合生产非氧化物粉体	成本高,不宜生产多组元粉体
	盐分解法	使用溶液法技术,设备简单	容易团聚

2. 按粉体的成因分类

按成因,粉体可以分为以下几类。

1）自然粉体

在自然力作用下形成的粉体,如火山灰、泥沙等。这些自然粉体是人类社会宝贵的自然资源,也是重要的工业生产原料。

2）工业粉尘

工业生产过程中产生的粉尘,如粉煤灰、矿物粉尘等。这些粉尘是大气的主要污染源。

3）非工业粉尘

由荒漠、建筑工地、道路交通、裸露的地面等产生的粉尘。粉尘都是污染性粉体。

4）人工粉体

用机械加工的方法制造的粉体,如奶粉、各种调料、水泥等。

3. 按颗粒的大小分类

按颗粒的大小,粉体可以分为粗粉体、中细粉体、细粉体、超细粉体和纳米粉体五大类。

1）粗粉体

粒径大于 0.5 mm,可以由机械粉碎的方法加工而成,可用作无机复合骨料等,适用于进行大颗粒矿物的分选等。

2）中细粉体

粒径在 0.074～0.5 mm,由机械粗磨的方法加工而成,可以用作细砂的填料。

3）细粉体

粒径在 $10\sim74~\mu m$,由机械细磨的方法加工而成,可以用作填料、粉体增强材料、化工原料等。

4）超细粉体

粒径在 $0.1\sim10~\mu m$,由机械超细磨或化学方法制得,可用作优质填料、涂料、颜料、化妆品等。

5）纳米粉体

粒径小于 100 nm,由化学方法制得,可用作胶体材料、高性能涂料、颜料等。

1.2.2　粉体的用途

从宏观上看,物质的世界是颗粒的世界,颗粒的来源是多种多样的。实际上,裸露的地球表面几乎都含有颗粒,或者说这些表面被粉体或颗粒所覆盖。粉体无处不在,它们存在于空气、海洋、湖泊、饮水、土壤中,存在于月球表面、火星表面、广阔无垠的太空之中。例如:大气中的污染物经过凝聚后可形成粉体;在海洋中,生物体也可形成颗粒;等等。

材料被破碎成粉体物质后,具有粒度小、分布窄、质量均匀、比表面积大、表面活性高、化学反应速度快、可塑性好、烧结体强度大等优点,并具有独特的电性、磁性、光学性等,被广泛应用于农业、生物医药、建材建工、军事、化工、轻工、环保等领域。超细粉体材料将是未来最重要的基础材料。

在农业领域,土壤、种子、化肥、农药、饲料等研究都涉及粉体相关技术;在生物医药领域,药粉、药片属于典型的粉体,药品经过超细破碎后,不论是外用还是内服,其吸收率、利用率和疗效都可大大提高。

在建材建工领域,将矿渣提炼加工为矿渣水泥,不仅能降低能耗,而且使得水泥水化产物分布更均匀,提高了硬化水泥浆体结构的密实性,从而使混凝土具有较好的力学性能。

在军事领域,利用超细陶瓷粉可制备超硬塑性抗冲击材料,用于制造坦克或装甲车复合板,研究表明,这种复合板比普通坦克钢板质量轻30%～50%,而抗冲击强度可提高1～3倍;将固体氧化剂、炸药、催化剂超细化后,制成的推进剂的燃烧速度可提高1～10倍,可用于制造高性能的火箭及导弹。

在化工领域,将油漆、涂料、燃料中的固体成分超细化后,可制备高性能、高附着力的新产品,在造纸时将固体填料超细化后,可制成铜版纸;在轻工业领域,粉体技术涉及颜料、染料、油墨、化妆品、牙膏等与我们日常生活息息相关的产品。

总之,因为"粉"有上述独特的应用价值,我们总是希望将固体变成粉体。例如,可从固体中提取有效成分,或者为使固体物质容易被渗透,使固体的表面积尽量变大;将固体变为粉体后,可将若干成分混合从而产生新的功能物质,并且容易使其变成任意的形状;将固体进行粉体化之后,可通过改变其物理特性达到优化使用功能的目的,如控制它对光的反射特性,或提高覆盖性能,或赋予其润滑作用和研磨作用。

1.3 粉体技术在工业生产中的应用

粉体技术在工业生产中有着广泛的应用,涵盖了多个领域。比如,在制药行业中,粉体技术被用于药物的制备、加工和质量控制;在食品工业中,奶粉、豆浆粉等的生产加工会涉及粉体加工技术;在化工生产中,粉体技术被用于制备各种化工原料和产品,如超细高纯度 Al_2O_3 粉体。此外,粉体技术还用于催化剂的制备和改性,以提高催化剂的活性和选择性;在建筑材料行业中,粉体技术尤其是超细粉体技术被广泛用于制备高性能的建筑材料,如超细陶瓷粉料、超硬塑性抗冲击材料等,这些材料在提高建筑材料性能、延长使用寿命等方面具有显著优势。除了上述行业外,粉体技术还在电子信息、轻工、日化、农药、模具制造、军工等领域有广泛应用。

这里以水泥生产为例,简要叙述生产过程中常用的粉体技术及方法,主要涉及粉体取样方法、颗粒表征方法、粉体分散技术、粉体的分级与分选技术、粉体力学的应用(料仓设计)、破碎与粉磨技术、混合与均化技术、成球造粒方法、表面改质、粉碎机械力化学的应用(超细活化)、固液分离法(过滤)、固气分离法(收尘)、分级与分散、颗粒的流体输送、粉尘爆炸的防止、粉体故障处理、再循环利用技术和纳米技术等。

水泥粉体技术的主要研究内容有如下几项。

1) 粉体性质的研究

粉体性质的研究内容包括颗粒形态学、粉体力学和颗粒测定技术。颗粒形态学与粉体流动性、水泥强度有密切的关系。粉体力学在料仓设计方面起着指导作用,是粉体技术在工业应用中的典范。颗粒测定技术主要研究的是颗粒表征方法与联机在线的测定问题。

2) 粉碎有效能的研究

这方面研究对水泥厂的节能来说相当重要,水泥粉磨工序的耗电量约为水泥制备全部耗电量的 40%,为了最大限度节能和加工出符合要求的产品,必须研究粉磨节能的机理,开发有效的粉磨技术和设备。粉磨技术的研究内容主要包括颗粒的单一粉碎、粉碎工艺系统以及粉碎的机械力化学。

3) 给料与输送

减少粉体故障和对粉体输送进行有效控制,是近年来人们努力研究的内容,气力输送虽然受到人们的青睐,但从节能的角度出发,水泥厂还是不得不优先考虑机械输送。

4) 固体分离技术

除基础理论研究之外,固体分离技术主要研究与开发的是高温、高浓度粉尘用过滤介质(袋收尘器),电收尘器的适应性与可靠性,此外还有提高旋风预热器的分离效率问题。

5) 混合与均化

混合的主要目的是使不同物质在宏观上分布均匀;而均化的目的是降低物料化学成分的波动幅度。在制药、化工、食品、建材建工等行业中,混合与均化是制备产品的第一步,对确保产品质量的均匀性和稳定性至关重要。例如,药品生产过程中混合的目的就是让药品的有效成分能均匀地分布到辅料内,以满足生产质量的要求,在陶瓷材料的制备过程中,通过均匀混合不同组分的原料粉末,可以获得具有优异力学性能和热稳定性的陶瓷制品等。

在工业生产中,往往某项粉体技术问题会成为工艺过程中发生主要故障或事故的原因。例如料仓堵塞、粉尘爆炸等,然而,若能巧妙地利用粉体物性或对粉体进行改性,可能会取得意想不到的效果,例如混凝土的减水剂、水泥生料的可控流均化库等。在工业生产中采用的粉体技术,又称为粉体工业技术。

粉体技术在水泥生产中的应用见表 1-2。

表 1-2 粉体技术在水泥生产中的应用

操作单元		相关粉体技术
破碎	粗碎	石灰石、黏土质原料、石膏、煤炭及熟料的破碎,一般石灰石破碎不能达到磨机入口的粒度要求,而分为几段破碎,但新式一段锤式破碎机最大入口粒径可达 2 m,物料细碎后粒径小于 30 mm,破碎比达 40 以上
	中碎	
	细碎	

续表

操作单元		相关粉体技术
粉磨	预粉磨	水泥熟料经预粉磨后,粒径可达 3～5 mm
	粉磨	生料及水泥的粉磨
	超细粉磨	超细水泥和超细掺和料的粉磨,比表面积可达 500～1000 m²/kg
固-固分离	筛分	水泥包装机前的圆筒筛、颗粒分析用的标准筛
	选粉分级	水泥闭路粉磨用各种选粉机
固-气分离	气体过滤	袋收尘器(生料粉磨、水泥粉磨、煤粉磨以及窑尾的废气收尘)
	离心分离	旋风收尘器、回转窑窑尾旋风预热器的料气分离
	静电分离	回转窑窑尾废气及磨机烘干机废气用的电收尘器
混合均化	固体混合	原料配料,水泥熟料与石膏的混合粉磨
	均化	石灰石预均化堆场,有长形预均化堆场和圆形预均化堆场
	搅拌	生料均化库,有重力式和气力式
物料处理	贮藏	原料和燃料的料仓、生料库、水泥库
	给料	喂料机、气力提升泵、排料机
	空气输送	仓式泵、空气输送斜槽、料栓输送、生料成分分析的取样盒输送
	液态化	流态化烘干机
	机械输送	提升机、螺旋输送机、带式输送机等
	故障处理	压缩空气喷吹处理旋风筒结皮,空气炮清堵器、防堵涂料、煤粉制备车间的防燃防爆措施
换热煅烧	预热	生料在旋风筒预热器和管路内悬浮分散预热
	分解	$CaCO_3$ 在分解炉内的分解
	烧成	生料在回转窑内的煅烧
燃烧	烧结器	回转窑三通道或多通道燃烧器、分解炉喷煤嘴
检测、控制	计量	各种粉粒体计量器,如仓式秤、皮带秤、冲击式流量计、转子秤等
	在线控制	分散控制系统(DCS)控制、水泥细度控制、生料质量控制、回转窑窑体温度检测、各检测点的温度和压力测定
	离线控制	生料、水泥细度测定,SO_2 与 CO_2 等气体含量测定

1.4 粉体技术研究历史简述

粉体技术作为一门综合性、交叉性极强的技术,随着人类文明的发展而逐渐形成,粉体技术的起源可以追溯到原始人类学会制造石器、粉碎食物。

新石器时代,第一种人造材料——陶瓷问世,陶瓷制备包括原料制备、成型、干燥、烧结、精加工等操作单元。陶窑结构的不断完善、制陶工艺及技术的不断更新、生产方式的逐步成熟都反映了当时社会的审美与粉体技术的发展水平。

从石器时代到铁器时代，人们在不断学习与研究，各行各业都有一套制备粉体和处理粉体的经验，形成了各自的技术体系。而系统整理这一系列技术的是1637年问世的我国明朝宋应星所著的《天工开物》一书，作者宋应星走遍了当时中国技术最先进的省份，利用白描插图详细记录了33个生产部门实际的生产情况。《天工开物》是世界上第一部关于农业和手工业生产的综合性著作，书中归纳分析了粉体技术在不同工业领域中的简单应用。

18世纪60年代开始，随着西方工业革命的开展，对钢铁的需求快速增加，大规模加工矿物粉体的相关工业得到了迅速发展。随后，针对粉体生产过程中出现的许多故障与危害，在物理和化学等学科不断进步的推动下，20世纪50年代世界各国对粉体加工过程中涉及的各种粉体现象及粉体技术理论的研究应运而生。

1948年，美国著名学者J. M. Dallavalle的划时代专著 *Micromeritics* 问世，其不仅系统地阐述了粉体材料的物理性质、测量方法及其在工业应用中的重要性，更标志着粉体工程作为一门独立学科正式诞生。尽管"粉体工程"这一术语的直接使用源自日本，但Dallavalle的工作无疑为全球范围内的粉体技术研究奠定了坚实的理论基础。

在日本，随着第二次世界大战后工业复苏和技术革新的浪潮，粉体工程的研究与应用得到了快速发展。1956年至1957年间，日本成立了粉体工程研究会，这一举措不仅标志着日本在粉体工程领域的研究正式启动，也促进了该领域的学术交流与合作。随后，在1971年，为了进一步推动粉体技术在工业界的广泛应用，日本粉体工业技术协会应运而生，成为连接学术界与工业界的桥梁。

与此同时，在国际舞台上，粉体技术的研究也在不断深化和拓展。1962年，英国布拉德福德大学化工系敏锐地捕捉到了粉体技术的巨大发展潜力，率先设立了粉体技术研究生院，并创办了国际知名的 *Powder Technology* 杂志，为全球粉体技术领域的学者提供了一个展示最新研究成果、交流学术思想的平台。这一举措极大地推动了粉体技术的国际化进程。

20世纪70年代，美国作为科技强国，在粉体技术的研究与应用方面不断投入，先后成立了粉体研究会(PSRI)和国际细颗粒研究所(IFPRI)，这两个机构不仅聚集了众多顶尖的粉体技术专家，还承担了众多前沿科研项目，为粉体技术的深入研究和广泛应用提供了有力支持。

随着粉体技术在全球范围内的快速发展，国际间的交流与合作变得日益重要。1986年，第一届粉体技术世界会议在德国纽伦堡成功召开，来自世界各地的专家学者齐聚一堂，共同探讨粉体技术的最新进展和未来发展趋势。这次会议不仅加深了各国在粉体技术领域的合作与交流，也为粉体技术的国际化发展注入了新的动力。

1986年，在中国科学院过程工程研究所郭慕孙院士的积极倡议和推动下，中国颗粒学会正式成立，并先后成立了颗粒测试专业委员会、颗粒制备与处理专业委员会、流态化专业委员会、气溶胶专业委员会等。作为中国颗粒科学与技术领域最具影响力的学术团体之一，中国颗粒学会不仅组织了大量的学术交流活动，还积极推动了颗粒技术的研发与应用，为我国颗粒科学与技术的发展和繁荣做出了重要贡献。

总之,粉体同人类的生活和生产活动有着极其广泛的联系,在工业中有着重要的地位,对国民经济的发展也有着举足轻重的作用。粉体技术作为一个新兴的综合性边缘交叉研究领域,其研究与发展必将极大地推动新型工业化的实现。

1.4.1 粉体工程的定义与内涵

随着粉体科学及技术的发展,由粉体制备、加工和计量的方法及设备所组成的各单元操作统称粉体技术,在粉体工业中运用粉体技术则称为粉体工程。因此,对粉体及其设备、加工和处理过程等的研究与实践,逐渐形成了一门新兴学科——粉体工程(powder engineering)或粉体技术(powder technology)。粉体工程是一门新兴的综合性技术学科,其主要的任务是研究粉体的制备及其有效利用。

粉体工程作为一个独立的学科是 20 世纪 40 年代以后才逐渐形成的,也有人称之为颗粒技术(particle technology)。随着科学技术的进步,技术人员对粉体的需求上升到一个新的高度,特别是新材料的发展,使分散在各学科领域中的有关粉体方面的知识独立出来,经过不断完善和发展,形成了完整的、独立的学科体系。

自然界中不同的物质,很多都是以粉体状态存在的,如土壤、沙石、尘埃、粮食、糖、化妆品、药、雾等。如果扩展粉体的概念,从相对意义上看,宏观世界的地球、太阳和各星系的星球,对于浩瀚的宇宙来说,则可看成运动的颗粒。对于科学技术研究或工程应用而言,粉末的粒径小到几微米,甚至小于微米级的超细粉、烟雾、气溶胶和泥浆等,大至数米以上的块状物料,都是粉体工程研究的对象。

从粉体工程的内涵来分析,粉体科学研究的是各类粉体体系中的一些带有共性的基础问题,如粉体特性、粉末颗粒尺寸的增大或减小、粉末颗粒间的相互作用、粉体与介质的作用、粉体系统的内热和质量的转移等问题。而粉体工程则涉及粉体在制备与应用的工程实践中,各项单元操作及其优化工艺组合,以及过程的自动化控制。

粉体工程涉及化工、材料、医药、生物工程、农业、食品、机械、电子、物理、化学和流体力学、空气动力学、军事和航空航天等多个学科领域,表现出跨学科、跨技术的交叉性和基础理论的概括性,既与基础学科相关,又与工程应用存在着广泛的联系,综合性强,涉及面广,是典型的多学科交叉的新领域。

粉体工程具有广泛性、实用性和前沿性,是一个交叉和发展的学科。粉体工程所涉及的面很广,占据产业的产值份额比较大,表现出广泛性。粉体技术在能源利用、环境保护等方面显示出效果,具有实用性。随着科学技术的发展和工业的进步,超细粉体或纳米材料粉体已成为粉体材料的重要组成部分,纳米材料的奇异特性将促进粉体材料的功能化发展,使粉体技术进入科学技术发展的前沿。

所以,粉体工程既存在于传统产品的行业,又存在于纳米粉体等高新技术领域;既有传统的粉碎制备工艺,又有高级的测试表征手段;既在建材、医药、化妆品等常规产业中产生作用,又在航天、军事等尖端领域中发挥优势。

1.4.2 粉体工程的研究对象

粉体工程学作为一门相当重要的新兴学科,以颗粒及粉体物质为研究对象,研究其性质、制备、加工和应用的综合性技术,科学研究和许多工业生产过程中的重大问题都与粉体技术有关。例如,矿山、能源、原材料等的合理利用与回收,新的结构材料、功能材料的生产,材料的磨损,环境的治理等,都与粉体技术的发展有着极为密切的联系。因此,粉体技术在人类生活、工业生产和科学研究的进程中起着十分重要的作用。

粉体工程主要包含几个方面:粉体的性能及表征,粉体制备的方法及操作单元,粉体的输送及贮存,粉体的处理,粉体的安全保护。总体来说,粉体工程是指制备与使用粉体及其相关技术。

粉体的尺度(包括粉体颗粒的形状、粒径及尺寸分布、表面积等)是影响粉体性能及应用的关键因素。粉末颗粒的大小、形状及其分布对粉体各种现象的影响至关重要,所以对粉体黏附性、流动性、形状及其分布的表征和测量是粉体工程科学的一个重要组成部分。另外,粉体的其他性质,诸如光、电、磁和热等性质的表征是粉体工程科学在相应应用层面上的进一步体现。

粉体按材料种类来分,可以分为金属粉体、无机非金属及陶瓷粉体、聚合物粉体和复合粉体,一般都可以采用气相、固相和液相等方法制备,应用不同的条件和工艺装备,获取的粉体在纯度、组成、分散性和尺度等方面有着不同的特点,也有着不同的适用范围。因此,需要了解粉体的制备方法和工艺原理、制备路线的科学性,粉体性能及对环境等的影响,从粉体性能、相应条件和经济性等方面作出客观的分析及评价,以科学地应用粉体材料及技术。

据有关资料统计,粉体粉碎法是粉体加工及制备的主要途径之一,其应用占整个粉体处理量的80%。为了提高粉碎的效率,降低能耗,优化工艺过程,对粉碎的基本理论与粉碎过程(原材料的物质结构与变形、裂纹的形成、断裂粉碎机理、机械化学作用与粉碎能量等)、粉碎技术(粉碎流程、机内物料与方式等)与设备(设备材质与部件等)的研究,是粉体工程中的重要环节。

对粉碎后的粉体进行分级、分离过滤、干燥、输送、混合与造粒、选分及贮藏等单元操作,是粉体几何尺度与物理性能的保障。每一个单元都涉及物理、化学与机械过程,需要具体可行的操作方式与条件方能起到作用,不仅需要先进的设备,也要有优化的实施路线和方法,使得粉体制备的单元操作简便、有效。

对于每一个单元,都存在许多值得注意和深入探讨研究的问题。如在粉碎单元中,粉碎产物的颗粒形状和结构控制、粒度分布控制非常关键,将粉碎过程与表面改性结合起来,实现颗粒复合化与功能化;发展工业化规模的湿法超细精密分级与根据物料特性的分离技术,利用高效、高速的筛分技术,如超声波技术等,获得超细粉体、功能性粉体;采用多种途径复合功能改造方法,实现改造过程中产物微颗粒结构的控制,提出针对环境、生态问题的策略;提出面对不同行业的功能化造粒工艺,实现环保、废物再生利用与造粒,分体合成、处理与造粒一体化,开发表面控制与功能修饰技术、多功能复合设备;实现粉体材料输送的环保、洁净与节能,包装标准化;新材料研发,颗粒加工过程中复合化、功能化和规则化,达到纳米颗粒加工的实用化。粉体工程包含着丰富的物理、化学和材料学等学科知识,又体现出很强的机械、控制等工程学科特色,在粉体技术实践与应用中,还要系统、综合地掌握材料体系、工艺路线和装备特点、应用目标,获得优化的工艺技术。

1.4.3 粉体技术的发展趋势

随着科学技术的发展,粉体技术也得到迅速发展。当今一些优先发展的科学技术领域,如生命科学、环境保护、信息工程和材料科学等,都与粉体技术密切相关,如纳米靶向药物、高效催化剂等。粉体技术的发展促进了这些领域的发展,反之,这些领域的发展又为粉体技术的不断发展指出了方向。

在粉体工业向精细化发展的同时,工业原料深加工技术在科学研究和工业生产中的重要作用越来越充分地体现出来。美国、欧洲一些国家及日本从粉碎设备入手,逐渐扩展到超细分级、高均匀度混合、表面处理、纳米粉体制备等多个方面。粉体加工设备的大型化、多样性和自动化、节能,也是粉体工程的发展趋势之一。粉体技术的发展趋势主要表现在以下几个方面。

1. 粉体的超细化与功能化

目前粉体技术的发展动向主要是超细化与功能化,可以用微细化、精细化、纯粹化、复合化和功能化来概括。其中最根本的是通过粉体的微细化来控制颗粒的形态学特性,获得诸多颗粒自身或附加的功能性质,也促进颗粒的复合化与功能化。

工业上一般细微粒子为微米级至纳米级,可分为五个等级:

(1) 硬粒或粗粒,粒径在 $200~\mu m$ 左右,一般用于各种填料等。

(2) 细粉,粒径为 $20\sim200~\mu m$,可用于粉末冶金、精细陶瓷、导热材料等。

(3) 微粉,粒径为 $3\sim20~\mu m$,可用于磁性材料、涂料和介电材料等。

(4) 超微粉,粒径为 $0.2\sim3~\mu m$,可用于玻璃保护膜、导体或半导体等。

(5) 超细粒子,粒径在 $0.2~\mu m$ 以下至纳米级,达到此粒度范围是比较困难的,可用于喷涂材料、高密度记录材料和磁流体等,不同的应用领域对粉体粒度存在不同层次的要求。

随着粉体工业发展进入纳米级范围,由于纳米材料与微米材料在性质上差异很大,研究与生产纳米材料粉体的手段及着重点也不相同。纳米材料及其技术正是物理、化学、材料、机械以及生物、医药等领域的科技工作者颇感兴趣的热点方向,基于其潜在的应用价值,科学家与企业界不断为之奋斗。

纳米材料随着粒径的减小,表面原子数迅速增加,比表面积因而也急剧变大。例如纳米钴微粒粒径为 $5~nm$ 时,表面的体积百分数约为 40%;粒径为 $2~nm$ 时,表面的体积百分数已增至 80%。庞大的比表面积导致键态严重失配,表面出现非化学平衡、非整数配位的化学键,产生许多活性中心,从而导致纳米微粒的化学活性大大增加,可用于火箭燃料纳米助燃剂、高性能纳米导电浆料等。

研究者根据纳米粒子的量子尺寸效应成功地实现了对纳米材料光吸收带波段的调制,在此基础上设计了光过滤器和光截止器等。以粒径小于 $100~nm$ 的镍和 Cu-Zn 合金的纳米颗粒为主要成分制成的催化剂可使有机物氢化的效率达到传统催化剂的 10 倍;AlN 纳米粉作为甲醇脱氧反应和费-托(F-T)合成的催化剂时,其产率可提高 $2\sim3$ 个数量级;在 WC 中加入 $0.1\%\sim0.5\%$(质量分数)的 Ni 纳米粉,其烧结温度从 3000 ℃降到

1800 ℃。开发成功的磷酸钙骨水泥(CPC)就是采用纳米颗粒进行复合,使得 CPC 与有机体亲和性好,可降低植入人体后引起的排斥反应,轻度的炎症反应很快消失,同时材料具有可降解性,能被新生骨逐步取代;纳米 TiO_2 的光学效应随粒径而变,尤其是金红石型 TiO_2 具有随角度而改变的效应,可以作为汽车面漆中的效应颜料;在氧化材料中,锐钛矿型 TiO_2 是一种良好的半导体,由于其禁带宽度较窄,在紫外光的照射下即可使吸附在颗粒表面的有机物降解,从而达到消除污染的作用,添加了纳米锐钛矿型 TiO_2 的涂料可以作为光催化净化大气的环保涂料。

纳米粉体材料由于存在量子尺寸效应、小尺寸效应、表面与界面效应等,表现出许多不同于常规材料的奇异特性,具有良好的应用前景。纳米粉体的特性及应用如表 1-3 所示。

表 1-3 纳米粉体的特性及应用

应用对象	粉体特性
颜料	高分散性
催化剂,吸收剂	高比表面积
填充剂	分裂结构
陶瓷粉体,含能材料	高表面能
涂料	光催化,抗菌
磁性液体	高比表面积

可见,粉体的微细化是实现粉体功能化的必然趋势和一个途径,这是仅依靠超细粉体自身所得到的功能,如比表面积增大、活性增加和产生新的物性等,是新材料设计与制备、开发或增强材料功能的基础。

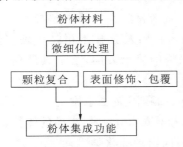

图 1-4 超细粉体功能化示意图

但是,随着颗粒尺寸的减小,其表面能升高,颗粒处于非稳定状态,有强烈的相互吸引而达到稳定状态的趋向,导致粉体在制备生产、运输和贮存过程中聚集。由于粒子难以分散且易于团聚,超细颗粒的功能发挥受到限制或影响,所以运用超细颗粒的表面修饰、包覆处理等技术,使颗粒或粉体产生新的物理、化学、机械功能或其他功能,或者通过颗粒复合,实现颗粒的复合化与功能化,是超细粉体功能化的另一个途径,如图 1-4 所示。

通过粉体颗粒的复合化,复合的颗粒粉体产生许多新的集成功能,颗粒的形态学、物性等发生变化,功能粉体的应用领域大大拓展,如表 1-4 所示。超细颗粒粉体的功能特性拓展后,有利于进一步提高粉体材料的附加值。早在 20 世纪 70 年代,一些发达国家及大公司就着力开发功能粉体,然而在我国,粉体的功能化率还比较低。据统计,美国非金属矿行业 60% 以上的利润来自粉体功能化后的附加值。

表 1-4　功能粉体的应用

粉体材料	功能	应用领域
SiC	增强填充	高温结构陶瓷
Al_2O_3	介电性	电子陶瓷
Fe_3O_4	磁性	药物磁性载体
SiO_2	光导性	光导纤维
ZrO_2	耐磨性	耐磨材料
BeO	传导性	高导热陶瓷材料
TiO_2	透光性	光学材料

2. 粉体的深加工与装备

随着超细粉体的微细化与功能化,要对粉体材料进行深加工,必须发展相应的装备。超细粉体的制备方法基本上可以分为两类:一类是合成法,通过化学反应或相变,经历晶核形成和生长两个过程形成固体颗粒来制备粉体;另一类是机械粉碎法,通过机械力的作用使颗粒由大变小,进而微细化来制备粉体。随着新型超细粉碎设备的研制和开发,用机械粉碎法制备超细粉体已成为可能。

我国超细粉碎与精细分级技术的发展及设备的制造始于20世纪80年代初,迄今为止,大体上经历了3个阶段:从20世纪80年代初至80年代中期,以引进国外技术和设备为主,其间国内的超细粉碎技术、设备制造技术和工艺刚刚起步;80年代中期至90年代中期,引进国外技术、设备与国内仿制、开发同步进行,国内的主要超细粉碎和分级设备研发机构与制造厂商基本上是在这一阶段形成和发展的;90年代中期以后,进入自主开发和以制造为主、引进为辅的阶段,其间建立的超细粉体加工企业多采用国产技术和设备。目前国内的机械粉碎设备主要有气流磨、高速气流冲击磨、球磨机(包括振动球磨机、转动球磨机、行星球磨机等)、介质搅拌磨、射流粉碎机等。

随着粉体技术的发展,生产装备大型化越来越明显,同时,CAD/CAM技术的应用促进了机械结构设计和加工制造技术的发展,为粉体粉碎与造粒等装置提供了技术保障,进一步提高了生产效率。在现有超细粉碎设备基础上,工艺配套逐步完善,分级粒度细、精度高、处理能力大、效率高的精细分级设备不断被开发;粉碎极限力度小,粉碎比和处理能力大,单位产品能耗小,粉碎效率高,应用范围宽,可用于具有低熔点、韧性强、高硬度等特殊性质的物料的加工方法与设备不断发展。

3. 过程控制自动化

粉体技术的发展依赖于过程控制,过程控制又与高效可靠的在线测量技术有关。对粉体机械粉碎过程进行实时参数测量与控制,能有效地提高产品质量及降低能耗。通过过程控制的自动化,可开发粒度大小和粒度分布的自动监控技术,减少生产过程对环境的污染,简化工艺流程。粉体应用于工业生产,可提高工业产品的质量。

4. 新技术、新工艺的运用

对现有工艺和设备进行改造,用更经济和更科学的方式制造出高附加值产品,就要不断地运用新技术、新工艺,这是粉体工程发展的一个重要方向。例如开展粉体颗粒聚集特性的测量与定量描述研究,探讨粉体颗粒在流体中的行为,对粉体工艺过程中许多复杂现象(附聚物、多孔颗粒等)所进行的物理化学工程作定量表达等,对粉体工程科学技术的发展具有决定性的意义。另外,将两个或两个以上现有的工艺过程进行复合,产生新的经济有效的工艺过程(如粉碎与干燥、粉碎与分级过程等),有利于简化工艺流程,提高效率。根据粉体特性或功能要求,设计粉体的结构与功能,采用新的工艺技术实施,也会增强粉体的特性功能和拓宽应用领域。

第 2 章　颗粒的物性

习近平总书记指出:"马克思主义理论的科学性和革命性源于辩证唯物主义和历史唯物主义的科学世界观和方法论,为我们认识世界、改造世界提供了强大思想武器,为世界社会主义指明了正确前进方向。"在微观世界中对宏观物质进行分析和研究,是我们认识世界、改造世界的有力手段。

颗粒是粉体材料最基本的组成单元,要详细描述粉体的性质,就必须先对单个颗粒进行详细描述,颗粒的大小和形状是粉体材料最重要的几何特性表征量。

2.1　颗粒的粒径

材料的力学、物理和化学性质描述了组成材料的物质形态的基本特性,当物质被"分割"成粉体之后,利用上述三类性质不能全面描述材料的性质,必须对单个颗粒进行详细描述。颗粒的大小和形状是粉体材料最重要的几何参数。

这里,颗粒的粒径是指颗粒所占据的空间范围的线性尺度。通常,对于规则形状的颗粒,其大小可以用一个特征尺寸或多个代表性尺寸来描述,例如对于球形颗粒,其尺寸就是它的直径,对于正方体颗粒,其尺寸就是其边长,而对于圆柱体颗粒,则可用其底面直径和圆柱高度表示颗粒的尺寸。

矿渣水泥、粉煤灰在扫描电子显微镜(scanning electron microscope,SEM)下的成像如图 2-1、图 2-2 所示。对于图 2-1 中不规则形状的颗粒,想要定量描述颗粒的粒径大小,需要测定某些与大小有关的性质,如颗粒的体积、颗粒的表面积、颗粒的比表面积等。对于这种不规则颗粒,其尺寸大小取决于尺寸的定义。即使对于同一颗粒,不同尺寸定义下所测量的粒径大小也大不相同,有时候甚至会相差几个数量级。

图 2-1　矿渣水泥 SEM 图像

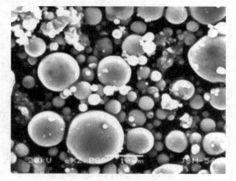

图 2-2　粉煤灰 SEM 图像

2.1.1　单个颗粒的粒径

1. 颗粒的三维尺寸

颗粒的三维尺寸包括其长、宽、高。

用体积最小的颗粒的外接长方体的长、宽、高(或厚)来定义颗粒的大小时,长 l、宽 b、高(或厚)t 就称为三轴径,如图 2-3 所示。

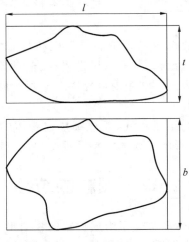

图 2-3　颗粒的三维尺寸

三轴径通常用显微镜测量,这时所观察的颗粒是其处于稳定状态(颗粒具有最大稳定度,其重心最低)下的平面投影,三轴径的计算式及物理意义如表 2-1 所示。

表 2-1　三轴径的计算式及物理意义

序号	名称	定义	说明
1	长径	l	—
2	短径	b	通常 $t<b<l$,用标准筛测粒度时,b 为控制尺寸
3	二轴算术平均值	$(l+b)/2$	平均投影的算术平均值,反映颗粒投影的基本大小
4	三轴算术平均值	$(l+b+t)/3$	算术平均值,厚度 t 难以测定
5	二轴几何平均径	$\sqrt{lb}$	平均投影的几何平均值,更接近度量颗粒的投影面积
6	三轴几何平均径	$\sqrt[3]{lbt}$	与外接长方体等体积的正方体的边长
7	三轴调和平均径	$3/(1/l+1/b+1/t)$	与外接长方体等比表面积的正方体的边长
8	广义几何平均径	$\sqrt{\frac{1}{6}(2lb+2bt+2lt)}$	与外接长方体等表面积的正方体的边长

2. 当量径

在实际的生产工艺过程中,测量粉体颗粒的粒径往往是由于某种工艺的需要,或与粉体的用途有关,因此,可以将形状不规则的颗粒与球形颗粒相比较,将粒径换算成具有长度量纲的数值,这样求得的粒径称为当量粒径。

1) 体积当量径 d_v

定义为非球形颗粒折成的等体积球的直径,即与颗粒的体积相等的球的直径。

$$d_v = \left(\frac{6V}{\pi}\right)^{\frac{1}{3}} \tag{2-1}$$

式中：V——颗粒的体积，m^3。

库尔特计数器和激光粒度仪所测得的尺寸为体积尺寸。

2）表面积当量径d_s

定义为非球形颗粒折成的等表面积球的直径，即与颗粒的外表面积相等的球的直径。

$$d_s = \sqrt{\frac{S}{\pi}} \tag{2-2}$$

式中：S——颗粒的表面积，mm^2。

对于无孔颗粒，表面积当量径可由颗粒的比表面积求得。

$$d_s = \sqrt{\frac{\sigma \rho_p d_v^3}{6}} \tag{2-3}$$

式中：σ——颗粒的比表面积，m^2/m^3；

ρ_p——颗粒的密度，kg/m^3。

式(2-3)通常可近似为

$$d_s = \frac{6}{\sigma \rho_p} \tag{2-4}$$

3）等体积比表面积当量径d_{sv}

定义为非球形颗粒折成的等体积与表面积之比的球的直径，即与颗粒的比表面积相等的球的直径。

$$d_{sv} = \frac{d_v^3}{d_s^2} \tag{2-5}$$

4）斯托克斯(Stokes)当量径d_{st}

定义为层流区等沉降速度的球的直径。

$$d_{st} = \sqrt{\frac{18\mu u_t}{(\rho_p - \rho_f)g}} \tag{2-6}$$

式中：μ——沉降介质的黏度，$Pa \cdot s$；

ρ_f——沉降介质的密度，kg/m^3；

u_t——颗粒的自由沉降速度，m/s；

g——重力加速度，m/s^2；

ρ_p——颗粒的密度，kg/m^3。

由沉降法测得的尺寸为斯托克斯尺寸，表示层流区的自由沉降当量径，在流体的分级操作单元中使用最多。

不过应当注意，斯托克斯当量径是一种名义上的粒径，虽然具有长度的量纲，但却不表示几何意义上的大小，只表示颗粒的沉降速度这一物理量的大小，这类粒径有时又称为"等效粒径"。

另外，我们应当注意的是，前面三种当量径是从几何角度来描述颗粒的粒径大小的，而斯托克斯当量径是从物理学的角度来定义和描述颗粒的粒径大小的。

3．其他常用粒径及其定义

1）筛分尺寸

即用筛分法测得的直径，一般用粗细筛孔直径的算术或几何平均值来表示。

2）定向径

沿一定方向的颗粒的一维尺度,如图2-4所示,定向径的种类及定义见表2-2。

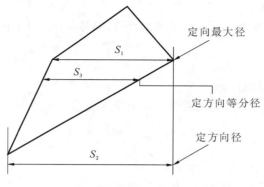

图 2-4　颗粒的定向径

表 2-2　定向径的种类及定义

粒径名称	定义
定方向径（Feret 径）	沿一定方向测得颗粒投影的两平行线的距离（见图2-4中 S_2）
定方向等分径（Martin 径）	沿一定方向等分颗粒投影像面积的线段的长度（见图2-4中 S_3）
定向最大径	沿一定方向测定颗粒投影像所得最大宽度的线段的长度（见图2-4中 S_1）

对于单个颗粒,定向径随方向的变化而变化,因此,定向径可取其所有方向测量值的平均值;对于取向随机的颗粒群,定向径可沿一个方向测定。

综上所述,颗粒粒径的大小是用其在空间范围所占据的线性尺寸来表示的,因此粒径的定义是多种多样的,即使对于同样的颗粒,如果测定粒径的原理和方法不同,那么得到的粒径的含义也会有很大的差别,其数值不是唯一的。例如对于通过粉碎加工制备的粉体材料,用沉降法所测得的粒径是用透气法所得结果的数倍,因此,在使用颗粒粒径数据时,有时必须说明其测定方法。

2.1.2　粒度分布

由同一尺寸颗粒组成的粉体称为单分散系统,由不同尺寸的细小颗粒组成的粉体属于多分散系统。研究粉体,首先要正确表征分散系统的尺寸。

粉体的力学性能不仅与其平均粒径的大小有关,还与各个粒径的颗粒在集合体中所占的比例有关。例如,颗粒粒度分布不均会导致制剂的分剂量不准、可压性变化以及粒子密度变化等,因此,研究颗粒的粒度分布在生产实践中具有重要的意义。为了表示粉体中颗粒大小的组成情况,必须使用粒度分布的概念。

这里需要指出的是,颗粒的粒径具有长度的量纲,如毫米、微米等,而粒度则是指颗粒大小、粗细的分布程度,其采用其他单位,如泰勒筛的"目"等。

单个颗粒的粒径在某一范围内随机取值,对于多分散系统的粉体,其颗粒的大小服从统计学规律。对于整个粉体,可以用采样分析的方法来测量粒度分布,用统计学中的概率密度函数和概率分布函数来表示粒度分布,相应地称为频率分布与累积分布。

粒度分布可以取个数、长度、面积、体积(或质量)4个参数中的一个作为基准。粒度分布的基准取决于粒度分布的测定方法。

所谓个数基准的粒度分布,是指某一粒径或某一范围的颗粒的个数在粉体颗粒总数中所占的比例。同样,质量基准的粒度分布,则表示某一粒径或某一范围的颗粒的质量在粉体总质量中所占的比例。相应的长度基准和面积基准也有各自的定义。

粒度分布的基准取决于粒度分布的测定方法,如用显微镜法测定粒度分布时采用个数基准;用沉降法测定粒度分布时则采用质量基准。在工程实践中,质量基准用得最多,长度基准和面积基准用得较少。

粉体的粒度分布通常用实测方法获得,对于测得的数据,可以整理成表格,可以绘制成曲线,也可以归纳成数学函数公式。

1. 频率分布

当用个数基准表示粉体粒度分布时,将被测粉体样品中某一粒径或某一粒径范围的颗粒数目称为频数 n,而将 n 与样品的颗粒总数 N 之比称为该粒径或粒径范围的频率 f。

$$f(d_p) = \frac{n}{N} \times 100\% \tag{2-7}$$

或

$$f(\Delta d_p) = \frac{n}{N} \times 100\% \tag{2-8}$$

频数或频率随粒径变化的关系,称为频数分布或频率分布。

用显微镜观察 N 为 300 的粉体样品。经测定,最小颗粒的直径为 1.5 μm,最大颗粒的直径为 12.2 μm。将被测出的颗粒按由小到大的顺序以适当的区间加以分组(一般取 10~25 组),小于 10 组数据不准,大于 25 组数据处理过程复杂。取组数 $h=12$ 组,区间的范围称为组距,用 Δd_p 表示。设 $\Delta d_p = 1 \mu m$,每一个区间的中点用 d_i 表示。将落在每一区间的颗粒数除以 N,便得到 $f(d_p)$。将测量的数据加以整理,得到表 2-3。

表 2-3 粉体粒度分布数据

粒径范围 $\Delta d_p/\mu m$	频数 n	平均粒径 $d_i/\mu m$	频率 $f(d_p)/(\%)$	累积频数 由小到大	累积频数 由大到小	累积频率/(%) 累积筛下	累积频率/(%) 累积筛上
<1.0	0	0	0	0	300	0	100
1.0~2.0	5	1.5	1.67	5	295	1.67	98.33
2.0~3.0	9	2.5	3	14	286	4.67	95.33
3.0~4.0	11	3.5	3.67	25	275	8.33	91.67
4.0~5.0	28	4.5	9.33	53	247	17.67	82.33
5.0~6.0	58	5.5	19.33	111	189	37	63
6.0~7.0	60	6.5	20	171	129	57	43
7.0~8.0	54	7.5	18	225	75	75	25

续表

粒径范围 $\Delta d_p/\mu m$	频数 n	平均粒径 $d_i/\mu m$	频率 $f(d_p)/(\%)$	累积频数 由小到大	累积频数 由大到小	累积频率/(%) 累积筛下	累积频率/(%) 累积筛上
8.0~9.0	36	8.5	12	261	39	87	13
9.0~10.0	17	9.5	5.67	278	22	92.67	7.33
10.0~11.0	12	10.5	4	290	10	96.67	3.33
11.0~12.0	6	11.5	2	296	4	98.67	1.33
12.0~13.0	4	12.5	1.33	300	0	100	0
总和	300		100				

以粒径 d_p 为横轴,频率或频数为纵轴,就可以根据上述实测的数据绘制直方图,将直方图各组上边的中点连成一条光滑的曲线,就可以得到频率(频数)分布曲线,如图 2-5 所示。

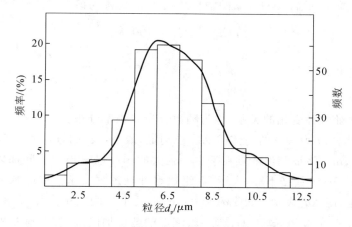

图 2-5 粉体的颗粒数尺寸频率分布图

由图 2-5 可以清楚地看出该粉体的尺寸分布特征。随尺寸区间的减小,尺寸频率分布图可变为一条连续的曲线。在频率分布曲线中,某一粒径范围内的颗粒的质量(或个数)占整个粉体质量(或个数)的百分比,等于在该粒径范围内频率分布曲线下的面积,而频率分布曲线下的总面积为1。

尺寸频率分布可以表示为

$$y = 100 \frac{dN}{Nd(d_i)} = f(d_i) \tag{2-9}$$

$$\int_0^\infty y d(d_i) = \int_0^\infty f(d_i) d(d_i) = 100\% \tag{2-10}$$

式中:$f(d_i)$——尺寸分布函数。

2. 累积分布

把颗粒大小的频率分布按一定的方式累积,便得到相应的累积分布。

累积分布表示小于(或大于)某一粒径的颗粒在全部颗粒中所占的比例,而频率分布则表示某一粒径或粒径范围内的颗粒在全部颗粒中所占的比例。

将频率或频数按照粒径从小到大进行累积,称为负累积,所得到的累积分布表示小于某一粒径的颗粒的数量或百分数,曲线又称为累积筛下分布曲线,常用 $D(d_p)$ 表示。将频率或频数按照粒径从大到小进行累积,称为正累积,所得到的累积分布表示大于某一粒径的颗粒的数量或百分数,曲线又称为累积筛余分布曲线,常用 $R(d_p)$ 表示。

根据表 2-3 测得的数据,绘制累积筛下分布曲线和累积筛余分布曲线,如图 2-6 所示。

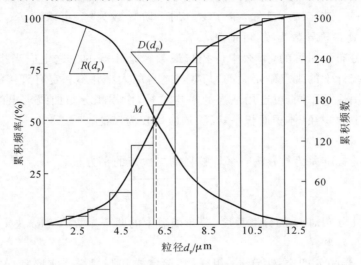

图 2-6 累积分布曲线

由累积分布的定义可知:
$$D(d_p) + R(d_p) = 1 \tag{2-11}$$
$$D(d_{\min}) = 0, \quad D(d_{\max}) = 1$$
$$R(d_{\min}) = 1, \quad R(d_{\max}) = 0$$

式中:$d_{\min}$、$d_{\max}$——颗粒的最小、最大直径。

由频率分布和累积分布的定义可知,两者存在着积分与微分的关系:
$$D(d_p) = \int_{d_{\min}}^{d_p} f(d_p) \mathrm{d}d_p \tag{2-12}$$

$$R(d_p) = \int_{d_{\max}}^{d_p} f(d_p) \mathrm{d}d_p \tag{2-13}$$

$$f(d_p) = \frac{\mathrm{d}D(d_p)}{\mathrm{d}d_p} = \frac{\mathrm{d}R(d_p)}{\mathrm{d}d_p} \tag{2-14}$$

因此,频率分布称为颗粒粒度分布微分函数或者粒度分布密度函数,而累积分布又称为粒度分布积分函数。

工程上,累积分布曲线比频率或频数分布曲线的应用更广泛,由筛分法、沉降法等所得到的数据,常常整理成以质量为基准的累积分布曲线,这样可不用对粒径进行分组,还可以通过曲线微分求得频率分布曲线;此外,根据累积分布曲线,可以大致估计粉体中细小颗粒所占的比例。

3. 表征尺寸分布的特征参数

1) 中位径 d_{50}

中位径是指粉体物料的样品中,把样品的个数(或质量)分成相等两部分的颗粒粒径。中位径在累积分布曲线上是累积频率为 50% 处所对应的粒径,用 d_{50} 表示。

在频率分布曲线上,中位径则是将频率分布曲线下的面积两等分处的粒径。

2) 最频径 d_{mod}

频率分布坐标图中,纵坐标最大值对应的粒径。即在颗粒群中个数或质量出现概率最大的颗粒粒径。若 $f(d_p)$ 已知,令 $f(d_p)$ 的一阶导数为零,可求出 d_{mod}。若 $D(d_p)$ 或 $R(d_p)$ 已知,令其二阶导数为零,可求出 d_{mod}。

如果频率分布是对称的,那么中位径与最频径是相等的。这里应当指出的是,上述两种粒径是从统计学的观点来定义的,与颗粒本身的大小并不一定有直接的联系。

根据粉体用途的不同,可选用适当的平均粒径,由累积分布曲线求出的 d_{50} 及由比表面积测定的比表面积径(体积面积平均径)的应用较为广泛。

3) 标准差

尺寸分布的标准差为粒径 d_i 对平均粒径的二次矩的平方根。

$$\sigma = \sqrt{\sum_{i=1}^{n} f_i (d_i - d_\Psi)^2} \tag{2-15}$$

它反映尺寸分布对 d_Ψ 的分散程度,分布函数中的两个参数 d_Ψ 和 σ 决定了粒度分布。

4. 粉体样品的取样

通常来说,样品分四类:生产样、粗样、实验室样和测量样。实验室样需要从粗样中一步步地缩分,样品的缩分方法有很多,如勺法、锥形四分法、格栅法和旋转缩分法等。

粉体粒度分布测试是用少量样品的测试结果来代表整个(大量)粉体的粒度分布,因此粉体样品的取样必须保证所测的样品具有充分的代表性,否则不仅将得到错误的结果,还会对实际生产带来错误的指导。无论使用多么先进的粉体粒度测试仪,科学、规范、保证其代表性的取样方法,都是得到正确测试结果的前提条件。

那么,如何保证取样的代表性呢?取样的要点主要有以下几个方面:

(1) 尽量在粉体流动过程中取样;

(2) 采用不同位置多点取样的方法,以保证代表性,而不是一次从一个位置取较多的样品;

(3) 尽量保持样品的均匀性。

2.1.3 颗粒的粒径测量

1. 测量方法的分类及其原理

1981 年,第四次国际粒度分析会议的全会报告显示,当时已经使用和正在研究的粒度、颗粒形状和比表面积测量方法,细分起来已有约 400 种。下面介绍几种常用方法的原理。

1) 筛析法

筛析法也称为筛分法。让粉体试样通过一系列不同筛孔的标准筛,将几个筛子按筛孔大小的次序从上到下叠置起来,筛孔尺寸最大的放在最上面,筛孔尺寸最小的放在最下面,底部再放置一个底盘,如图2-7所示。

将称量好的颗粒样品放在上部筛子上,有规则地摇动一定时间,较小的颗粒通过各个筛的筛孔依次往下落,如图2-8所示。对各层筛网上的颗粒计量,即得筛分分析的基本数据。也就是将试样分离成若干个粒级,分别称重,求得以质量百分数表示的粒度分布。通过绘制累积分布曲线,很容易得到d_{50}特征径。

筛分粒度就是颗粒通过筛网的筛分尺寸,常用的泰勒制是以每英寸长内的孔数为筛号,如100目表示每英寸(1英寸=25.4 mm)宽度的筛网上有100个筛孔。

图2-7 筛网

图2-8 筛析法测量装置

2) 显微镜法

显微镜法是唯一可以观察和测量单个颗粒的方法,是测量粒度的最基本方法。不同的显微镜类型适应于不同的粒径范围,光学显微镜适用的粒径范围为0.3~200 μm;透射电子显微镜为1 nm~5 μm;扫描电子显微镜适用于粒径大于10 nm的颗粒。

显微镜法测量的样品量极少,取样和制样时,要保证样品有充分的代表性和良好的分散性。利用显微图像处理进行颗粒的粒径分析由于具有快速、精确等特点而有着极大的发展潜力,因此这种研究方法的地位越来越高,已经成为粉体颗粒分析的必要手段之一。

当然,不同的粉体颗粒特性需要用不同的研究方法才能获得,分析颗粒时需要综合相关的检测方法以获取全面的颗粒信息,因此,根据颗粒分析的需要,确定粉体各组成相的颗粒分析方法是很有必要的。

显微镜法的主要缺点是这类仪器价格昂贵,试样制备烦琐,测量时间长,若仅测试颗粒的粒径,一般不采用此方法。但若既需要了解颗粒的大小又需要了解颗粒的形状、结构状况以及表面形貌,该方法则是最佳的测试方法。

3) 电阻法

电阻法也称为库尔特(Coulter)颗粒计数法,其原理如图2-9所示。小孔管内外各有一个电极,小孔管内部处于负压状态,管外的液体将流动到管内。测量时将颗粒分散到液体中,颗粒跟着液体流动,经过小孔时,小孔的横截面积变小,两电极之间的电阻增大,电压升高,产生一个电压脉冲。当电源是恒流源时,在一定的范围内脉冲的峰值正比于颗粒体积。只要准确测出每一个脉冲的峰值,即可得出各颗粒的大小,统计出粒度的分布。

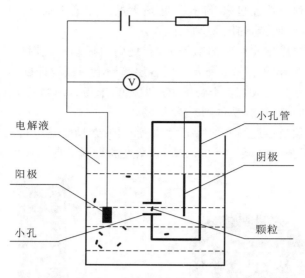

图 2-9 电阻法原理图

由于电阻法是先逐个测量每个颗粒的大小,然后再统计出粒度分布的,因而分辨率很高,并能得出颗粒的绝对数目。其最高分辨率(通道数)取决于仪器的电子系统对脉冲高度的测量精度。该仪器特别适用的对象有:对分辨率要求很高,或者粒度分布宽度特别重要的粉体,例如磨料微粉、复印粉等液体中的稀少颗粒。

4)激光衍射法

激光衍射法也被称为小角度激光衍射法,可以用于湿式或干式样品的非破坏分析,测量的尺寸范围为 0.02~2000 μm。激光粒度仪集成了激光技术、现代光电技术、电子技术、精密机械和计算机技术,具有测量速度快、动态范围大、操作范围大、操作简便、重复性好等优点,现已成为世界上最流行的粒度测试仪器之一。

激光衍射法是基于颗粒能使光产生散射这一物理现象来测量颗粒的粒径及粒度分布的。光在行进过程中遇到颗粒(障碍物)时,将有一部分偏离原来的传播方向,这种现象称为光的散射或者衍射。颗粒尺寸越小,散射角越大;颗粒尺寸越大,散射角越小。散射强度也与粒径大小有关,其随着粒子体积减小而逐渐减小。大的粒子会产生强度较大的窄角度散射光,而较小的粒子的散射角度较大但散射光强度较小。

激光粒度仪就是根据光的散射现象测量颗粒大小的,如图 2-10 所示,即来自光源的光束穿过含有待测颗粒的器皿,光与颗粒相互作用产生光的散射,用多元检测器测量颗粒在各个角度的散射光信号,然后用合适的光学模型和数学程序将散射信号进行转换与处理,就可得到按试样的体积比计量,以不同粒度范围表示的等效球体体积粒径分布。以激光为光源的激光衍射散射式粒度仪(习惯上简称此类仪器为激光粒度仪)发展十分成熟,在颗粒测量技术中已经得到普遍应用。

从激光器发出的激光束经显微物镜聚焦、针孔滤波和准直镜准直后,变成直径约为 10 mm 的平行光束,该光束照射到待测的颗粒上,一部分光被散射。散射光经傅里叶透镜后,照射到探测器阵列上,探测器上的任一点都对应某一确定的散射角,探测器阵列由一系列同心环带组成,每个环带都是一个独立的探测器,能将投射到上面的散射光能线

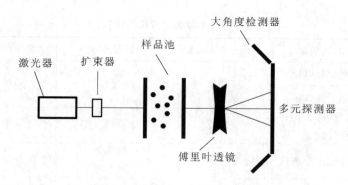

图 2-10 激光粒度仪的工作原理

性地转换成电压,然后送给数据采集卡,该卡将电信号放大,再进行 A/D 转换后送入计算机。

该方法的特点是适用范围广,既可测粉末状的颗粒,也可测悬浮液和乳浊液中的颗粒,国际标准衍射散射法的适用范围为 0.1~3000 μm,且准确性高、重复性好、测试速度快,另外衍射散射法可进行在线测量。

5) 沉降法

该测试方法基于不同大小的颗粒在液体中的沉降速度不同这一基本原理来测量颗粒的粒径。即将试样放在某种液体中制成一定浓度的悬浮液,悬浮液中的颗粒在重力或离心力的作用下将发生沉降,沉降速度与粒径的关系用斯托克斯(Stokes)定律描述。

液体中的颗粒在重力或离心力等的作用下开始沉降,微细固体颗粒在流体介质中的自由沉降末速度与其直径的平方成正比,因此颗粒的沉降速度与颗粒的大小有关,大颗粒的沉降速度快,小颗粒的沉降速度慢。可利用颗粒的沉降速度不同来测量颗粒的大小和粒度分布。

根据 Stokes 定律,沉降末速度同时还与颗粒的密度和流体密度的差值有关,且受颗粒形状的影响。粒度不同、密度各异的颗粒也可具有相同的沉降末速度。但是,在实际测量过程中,直接测量颗粒的沉降速度是很困难的。所以通常在液面下某一深度处测量悬浮液浓度的变化率以间接地判断颗粒的沉降速度,进而测量样品的粒度分布。在最大颗粒从液面降到测量区以前,该处的浓度处于一个恒定状态;在最大颗粒降至测量区后,该处浓度开始下降,随着沉降过程的进行,浓度将进一步下降,直到所有预期要测量的颗粒都沉降到测量区以下,测量过程就结束了。

当按沉降速度分析颗粒的粒度时,测得的是具有等沉降末速度的颗粒的粒径,称为水力粒径或等沉降速度当量径,而非其真实的粒径,因此在粒径分析结果中应标明颗粒的密度。对较细的颗粒来说,采用重力沉降法需要较长的沉降时间,且在沉降过程中受对流、扩散、布朗运动等因素的影响较大,因此测量误差变大。为克服这些问题,通常用离心沉降法来加快细颗粒的沉降速度,从而达到缩短测量时间、提高测量精度的目的。

综上所述,粒径的测试方法有很多,各种测试方法的原理各不相同,测出的粒径定义不一样,适用的测试范围也不一样。表 2-4 列出了几种主要的粒径测试方法,并对其进行了比较,详细的测试方法和操作步骤可参阅相关的专著。

表 2-4　几种测试方法的比较

测试方法	测试装置	测试原理	粒径定义	粒度分布	适用范围/μm
显微镜法	光学显微镜	计数	统计粒径	个数分布	1～100
	电子显微镜				0.001～100
小孔通过法	库尔特(Coulter)计数器	计数	体积当量径	个数分布	0.4～1200
光衍射法	激光粒度分析仪	计数	投影圆当量径	个数分布	0.1～900
筛分法	标准筛	筛分	短轴径	质量分布	>38
液相沉降法	吸移管	重力沉降	等沉降粒径	质量分布	1～100
	比重计				1～100
	光透过仪				0.1～100
	沉降天平				0.5～100
	维纳(Werner)管				10～1000
空气透过法	透过仪	空气透过粉层时的压力降	平均比表面积粒径	无法测量	0.01～100
气体吸附法	吸附仪	比表面积检测法(BET)	比表面积粒径	无法测量	0.01～10

2. 颗粒粒径测量方法的选择

如前所述,我们在显微镜下观察一些颗粒的时候,可清楚地看到此颗粒的二维投影,并且可以通过测量颗粒的直径来表示它们的大小。如果将一个颗粒的最大长度作为该颗粒的直径,则我们可以说此颗粒是有着最大直径的球体。同样,如果我们采用最小直径或其他某种量如 Feret 径,则我们就会得到关于颗粒体积的另一个结果。因此我们必须意识到,采用不同的表征方法将会得到一个颗粒的不同特性(如最大长度、最小长度、体积、表面积等),且与另一种测量方法得出的结果不同。

对单个颗粒的粒径进行测量可能得到不同的等效结果,其实每一种结果都是正确的,差别仅在于它们分别表示该颗粒的某一特性。这就好像我们量同一个火柴盒,一个人量的是长度,另一个人量的是宽度,从而得到不同的结果。由此可见,只有使用相同的测量方法,我们才可能直接地比较粒径大小,这也意味着像砂粒一样的颗粒不能作为粒度标准。作为粒度标准的物质必须是球状的,以便于各种方法之间的比较。

总之,即使对于同一种颗粒样品,不同测量方法所得的测量结果也可能不同,有时候甚至相差几个数量级。这是由于测量或计算的粒径的定义不同,或颗粒的分散状态不同。选择颗粒粒径的测量方法时应遵循以下几个原则:

(1) 应根据数据的应用场合来选择,如对于气相反应的催化剂,可以采用气体吸附法测量比表面积;造滤板的粉末材料则采用透过法测量比表面积;感光底片的卤化银溶胶颗粒大小用光学法来测量;而水文地质学中砂石可采用沉降法来测量。

(2) 根据粒度性质数据的用途和所测样品的粒度范围选择合适的测量方法。

(3) 根据被测颗粒本身存在的形式特点选择。

(4) 根据测量要求如准确度和精密度,常规、非常规测试以及仪器价格等因素选择。

2.2 颗粒的形状

2.2.1 颗粒形状的概念

颗粒形状是指一个颗粒的轮廓边界或表面上各点所构成的图像,它是除粒径外颗粒的另一几何特征。颗粒的形状对粉体的许多性质均有直接的影响,例如粉末的比表面积、流动性、压塑性、固着力、填充性、研磨特性和化学活性,亦直接与粉体在混合、压制、烧结、贮存、运输等单元过程的行为有关。

工业上,根据粉体使用目的,人们对颗粒的形状有不同的要求。例如,对磨料的粉体,要求其为多角形;对涂料固体添加剂,则要求其为片状颗粒,以使其固着力强,发光效果好;对制造铜过滤器的金属粉末,要求其为均匀的球状,以使其空隙均匀。

颗粒的形状与其加工制备过程密切相关。例如,简单摆动颚式破碎机会产生许多片状产物;锤式破碎机多产生立方体产品;喷雾干燥法制备的粉体多为球状颗粒;水雾化青铜粉体为不规则的颗粒,而利用气雾化可得球形颗粒等。

2.2.2 形状系数和形状指数

1. 形状系数

在表征粉体性质、具体的物理现象和单元过程等函数关系时,把颗粒形状的有关因素概括为一个修正系数加以考虑,该修正系数即为形状系数。实际上,形状系数可用来衡量实际颗粒形状与球状或长方体颗粒形状的差异程度。比较的基准是与表征颗粒群粒径相同的球体或长方体的体积、表面积和比表面积等与实际体积、表面积和比表面积的关系。

若 Q 表示颗粒平面或立体的参数,d_p 为平均粒径,则二者的关系为

$$Q = \varphi d_p^n \tag{2-16}$$

式中:φ——颗粒的形状系数。

当 Q 表示颗粒的表面积时,式(2-16)变为

$$S_p = \varphi_s d_p^2 \tag{2-17}$$

式中:φ_s——表面积形状系数。

当 Q 表示颗粒的体积时,式(2-16)变为

$$V_p = \varphi_v d_p^3 \tag{2-18}$$

式中:φ_v——体积形状系数。

则颗粒的比表面积形状系数可定义为

$$\varphi = \frac{\varphi_s}{\varphi_v} \tag{2-19}$$

根据上述公式,对于球形颗粒:

$$V_p = \pi d_p^3/6 \qquad \varphi_v = \pi/6$$

$$S_p = \pi d_p^2 \qquad \varphi_s = \pi$$
$$\varphi = \varphi_s / \varphi_v = 6$$

表 2-5 给出了几种规则形状颗粒的形状系数。

表 2-5 规则颗粒的形状系数

颗粒形状		φ_s	φ_v	φ
球形 $l=b=h=d$		0.81π	$\pi/12$	9.7
圆锥形 $l=b=h=d$		0.81π	$\pi/6$	4.9
圆板形	$l=b, h=d$	$3\pi/2$	$\pi/4$	6
	$l=b, h=0.2d$	π	$\pi/8$	8
	$l=b, h=0.2d$	$7\pi/10$	$\pi/20$	14
	$l=b, h=0.1d$	$3\pi/5$	$\pi/40$	24
立方体 $l=b=h=d$		6	1	6
方柱及方板形 $l=b$	$h=b$	6	1	6
	$h=0.5b$	4	0.5	8
	$h=0.2b$	2.3	0.2	12
	$h=0.1b$	2.4	0.1	24

2. 阻力形状系数及动力学形状系数

1) 阻力形状系数

在低雷诺数的层流区(又称 Stokes 区),非球形颗粒受到黏度为 η、相对速度为 u 的流体的阻力 F_D,其可按 Stokes 定律给出:

$$F_D = 3\pi\eta u d_p k \tag{2-20}$$

式中:k——阻力形状系数。

d_p——颗粒的粒径,可以表示为 Stokes 当量径 d_{st}、表面积当量径 d_s 或体积当量径 d_v。

2) 动力学形状系数

研究颗粒在流体中的运动时,颗粒的动力学形状系数 K 可定义为

$$K = 作用于颗粒的实际阻力 / 作用于同体积球体的阻力$$

上式可涵盖层流区和湍流区。

若颗粒直径用体积当量径 d_v 表示,由 Stokes 公式可得

$$K = 3\pi\eta u d_v = k_v \tag{2-21}$$

这表明在层流区,动力学形状系数 K 与阻力形状系数 k_v 相等。

对于非层流区,颗粒的最终沉降速度 u_t 可写成

$$u_t = (\rho_p - \rho_t) d_v^2 \frac{g}{18\eta k} \tag{2-22}$$

式中:ρ_p、ρ_t——颗粒和流体的密度,kg/m³;

g——重力加速度,m/s²。

由此可得出:

$$K = d_v^2 / d_{st}^2 \tag{2-23}$$

对于团聚颗粒,Kousaka 等按等径小球模型给出动力学形状系数:

对于团簇状聚集体:$K=1.233$。

对于任意方向的链状聚集体:$K=0.862\,n^{1/3}$,n 为单个聚集体中原始小球的数目。

3. 形状指数

通常将表示颗粒外形的几何量的各种无因次组合称为形状指数(shape index),形状指数是对单一的颗粒本身几何形状的指数化,它是根据不同的使用目的,给出颗粒理想的形状图像,然后将理想形状与实际形状进行比较,找出二者之间的差异并指数化而得出的。

常用指数有如下几个。

1)均齐度(与外形尺寸相关的形状指数)

以长方体为颗粒的基准几何形状,根据长 l、宽 b、高 h 三轴径之间的比值,导出下面的指数:

$$长短度 = 长径 / 短径 = l/b\,(\geqslant 1)$$
$$扁平度 = 短径 / 高度 = b/h\,(\geqslant 1)$$

另外也可用中心方向比来表示均齐度,即

中心方向比=通过颗粒的投影的质心的最大直径与其垂直直径之比=$D_{最大}/D_{垂直}$

2)与表面积或体积有关的形状指数

体积充满度 f_v:表示外接长方体体积与颗粒体积 V_p 之比,即

$$f_v = lb\frac{h}{V_p} \tag{2-24}$$

$1/f_v$ 可看作颗粒接近长方体的程度,极限值为 1。

面积充满度 f_b:表示颗粒投影面积 A 与最小外接矩形面积之比,即

$$f_b = \frac{A}{lb}(\leqslant 1) \tag{2-25}$$

3)与颗粒投影周长相关的形状指数

圆形度 φ_c:表示颗粒投影与圆的接近程度,即

$$\varphi_c = 相同投影面积圆的周长 / 颗粒投影周长 = \pi D_H/L$$

式中:$D_H = (4A/\pi)^{1/2}$。

表面粗糙度 ζ:ζ=颗粒投影周长/相同面积椭圆的周长。

2.3 颗粒的密度与孔隙率

颗粒的密度是指在特定的体积状态下单位体积的质量。按照颗粒体积状态的不同,颗粒的密度可分为绝对密度、表观密度。

1. 绝对密度

颗粒的绝对密度是指颗粒在绝对密实状态下单位体积的质量。

$$\rho = m/V_p \tag{2-26}$$

式中:m——颗粒的质量,kg;

V_p——颗粒在绝对密实下的体积,简称绝对体积或实体积,m³。

2. 表观密度

颗粒的表观密度是指在自然状态下单位体积的质量。

$$\rho_{\text{表}} = m/V \tag{2-27}$$

式中：m——材料质量，kg；
V——颗粒在自然状态下的体积，包括孔隙体积在内的颗粒体积，m^3。

3. 孔隙率

孔隙率 ε 是指颗粒中孔隙体积占颗粒总体积的百分数。

$$\varepsilon = [(V - V_p)/V] \times 100\% \tag{2-28}$$

2.4 颗粒间的作用力

固体颗粒容易聚集在一起，尤其是细颗粒，这说明颗粒之间存在相互作用力，颗粒间的作用力会影响粉体的摩擦特性、流动性、分散性、可压缩性等。颗粒间的作用力主要包括范德瓦耳斯力、毛细力和静电力等。

2.4.1 颗粒间的范德瓦耳斯力

1. 分子间的范德瓦耳斯力

小分子能聚集并规则地排列成分子晶体（大分子），且各种分子晶体的熔点、沸点、硬度等不同，说明分子之间有作用力存在，即分子间力或称范德瓦耳斯力。范德瓦耳斯力是分子之间普遍存在的一种相互作用力，它的本质是正负电荷间的相互吸引力，它使得许多物质能以一定的凝聚态（固态或液态）存在。

当两极性分子相互靠近并接触时，两分子间的范德瓦耳斯力与两分子的偶极矩 p_1 和 p_2、分子间距离 r 及两分子偶极的相对取向有关，两极性分子间的引力势能为

$$U_{d-d} = -\frac{2}{3kT} \frac{p_1^2 p_2^2}{r^6} \tag{2-29}$$

当一极性分子与一非极性分子相互靠近并接触时，非极性分子将产生诱导极性，两分子间的引力势能为

$$U_{d-id} = -\frac{p_1^2 \alpha_1 + p_2^2 \alpha_2}{r^6} \tag{2-30}$$

式中：α_1、α_2——两分子的极化强度。

对于非极性分子，分子内电子是连续运动的，在长时间尺度上观察，其电子云分布的平均效果是对称的，分子的时均偶极矩为零。但在某一瞬时，电子分布可以是不对称的。因此，非极性分子间存在瞬时偶极矩。当两极性分子相互靠近接触时，由于瞬时偶极矩的作用，分子间存在着相互作用，这种相互作用称为色散作用。两分子间色散作用的引力势能为

$$U_{\text{disp}} \approx -\frac{3 I_1 I_2}{2(I_1 + I_2)} \frac{\alpha_1 \alpha_2}{r^6} \tag{2-31}$$

式中：I_1、I_2——两分子间的电离能。

上述三种相互引力作用的势能都与分子间距离 r^6 成反比，分子间相互引力作用的总

势能可写为

$$U_{mm} = \frac{C_{mm}}{r^6} \tag{2-32}$$

式中：C_{mm}——范德瓦耳斯常量（London-Van der Waals constant）。

2. 颗粒间的范德瓦耳斯力

Hamaker 理论指出微粒可以看作大量分子的集合体，Hamaker 假设，微粒间的相互作用等于组成它们的各分子之间的相互作用的加和。

通常，颗粒是没有极性的，但由于构成颗粒的分子或原子，特别是颗粒表面分子和原子的电子运动，颗粒将有瞬时偶极。当两颗粒相互靠近并接触时，由于瞬时偶极的作用，两颗粒将产生相互吸引的作用力，称为颗粒间的范德瓦耳斯力。

根据 London-Van der Waals 引力势能和能量叠加原理，Hamaker 通过积分构成两颗粒所有的分子或原子间的引力势能来计算两颗粒间的引力势能：

$$U_{pp}^0 = \iint_{V_1 V_2} n_1 n_2 U_{mm} dV_1 dV_2 \tag{2-33}$$

式中：下标 pp——颗粒；

下标 1、下标 2——颗粒 1、颗粒 2；

n_1、n_2——颗粒 1、颗粒 2 的分子密度。

对式（2-33）积分得到颗粒间的引力势能，即

$$U_{pp}^0 = -\frac{A}{12 Z_0} \frac{d_1 d_2}{d_1 + d_2} \tag{2-34}$$

式中：d_1、d_2——两颗粒的直径；

Z_0——颗粒间的距离。

A——Hamaker 常数，由下式得到，即

$$A = \pi^2 n_1 n_2 C_{mm} \tag{2-35}$$

Hamaker 常数不仅与颗粒的材料有关，还与颗粒所处的环境有关。表 2-6 给出了一些颗粒系统在真空和水中的 Hamaker 常数。

表 2-6　一些颗粒系统在真空和水中的 Hamaker 常数

颗粒-颗粒	Hamaker 常数 A/eV		颗粒-颗粒	Hamaker 常数 A/eV	
	真空	水		真空	水
Au-Au	3.414	2.352	MgO-MgO	0.723	0.112
Ag-Ag	2.793	1.853	KCl-KCl	1.117	0.277
Cu-Cu	1.917	1.117	Cds-Cds	1.046	0.327
其他金属-其他金属	1.872	—	Al_2O_3-Al_2O_3	0.936	—
C-C	2.053	0.943	H_2O-H_2O	0.341	
Si-Si	1.614	0.833	聚苯乙烯-聚苯乙烯	0.456	0.0263
Ge-Ge	1.996	1.112			

颗粒间的引力，即颗粒间的范德瓦耳斯力为

$$F_{\text{vdw}}^0 = -\frac{\partial U_{\text{pp}}^0}{\partial Z_0} = -\frac{A}{12 Z_0} \frac{d_1 d_2}{d_1 + d_2} \tag{2-36}$$

式中：负号代表引力，为方便起见，在下面的讨论中去掉了负号。

当颗粒与平面相互接触时，由于此时 $d_2 \to \infty$，颗粒与平面间的范德瓦耳斯力为

$$F_{\text{vdw}}^0 = \frac{Ad}{12 Z_0^2} \tag{2-37}$$

式中：d——颗粒的直径，m。

当等直径的两颗粒相互接触时，颗粒间的范德瓦耳斯力为

$$F_{\text{vdw}}^0 = \frac{Ad}{24 Z_0^2} \tag{2-38}$$

当颗粒表面吸附环境气体时，由于吸附气体与颗粒的作用，颗粒间的范德瓦耳斯力将增加。

当颗粒接触时，通常接触点处有变形，因此，颗粒的接触面积增大，即增加了颗粒间距离较近的分子数，从而增大了颗粒间的引力势能，增大了颗粒间的范德瓦耳斯力。

当颗粒的表面比较粗糙时，颗粒间的接触距离增加了，颗粒间的范德瓦耳斯力随颗粒表面粗糙度的增加而迅速衰减。当颗粒表面粗糙度小于 1 nm 时，颗粒间的范德瓦耳斯力主要是母颗粒间的范德瓦耳斯力；当颗粒表面粗糙度大于 100 nm 时，颗粒间的作用力主要是表面粗糙度与另一颗粒的范德瓦耳斯力。所以，当颗粒表面粗糙度小于 1 nm 时，颗粒可以看作光滑的；当颗粒表面粗糙度大于 100 nm 时，颗粒可以看作粗糙的，此时颗粒间的范德瓦耳斯力被表面粗糙度屏蔽。

2.4.2 颗粒间的毛细力

当粉体暴露在含湿空气的环境中时，颗粒将吸收空气中的水分。当空气的湿度接近饱和状态时，不仅颗粒本身吸水，而且颗粒间的空隙将凝结有水分，水的表面张力的收缩作用将引发两个颗粒之间的牵引力，这种牵引力称为毛细力，也称为液桥力。

形成液桥的临界湿度不仅取决于颗粒的性质，还与温度和压力有关。实验研究表明形成液桥的临界湿度在 60%～80%之间。

实际上，这种颗粒间的作用力是毛细管的负压力与液体表面张力的合力。而且当颗粒间形成液桥时，颗粒间的毛细力将决定粉体的行为。当颗粒空隙间充满液体时，粉体将具有液浆的特征。

颗粒间的液桥状况如图 2-11 所示。

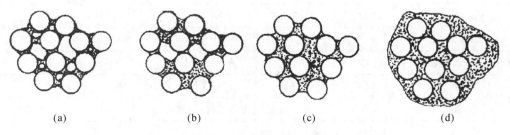

图 2-11 颗粒间的液桥状况

在图 2-11(a)所示状态中,颗粒接触点上存在透镜状或环状的液相,液相互不连续;随着液体量增多,环张大,颗粒空隙中的液相相互连结成网状,空气分布其中;颗粒间的所有空隙被液体充满,仅在粉体层表面存在气液界面;而在浸渍状态下所有空隙充满了液体,存在自由液面。

颗粒间的毛细力如图 2-12 所示。

$$F_c = 2\pi r_n T + \pi r_n^2 T\left(\frac{1}{r_c} - \frac{1}{r_n}\right) \quad (2\text{-}39)$$

式中:T——表面张力;
r_n——两颗粒中心连线到与液体接触点的距离;
r_c——液体接触曲率半径。

由几何关系,式(2-39)可写为

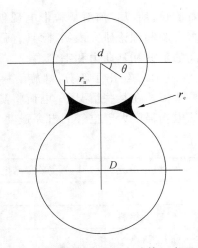

图 2-12　颗粒间的毛细力计算示意图

$$\begin{cases} F_c = \pi dT \dfrac{\chi}{4(1+\beta)}\left[\dfrac{\chi}{4(1+\beta)}\dfrac{d}{r_c} - 1\right] \\ \chi = \sqrt{32\beta(1+\beta)\dfrac{r_c}{d} + 64\beta\left(\dfrac{r_c}{d}\right)^2} \end{cases} \quad (2\text{-}40)$$

式中:β——两颗粒粒径比,$\beta = \dfrac{D}{d}$。

当颗粒的尺寸相等,即 $\beta=1$ 时,颗粒间的毛细力为

$$F_c = \pi dT\sqrt{\dfrac{r_c}{d} + \left(\dfrac{r_c}{d}\right)^2}\left(\sqrt{1+\dfrac{d}{r_c}} - 1\right) \quad (2\text{-}41)$$

当颗粒与平面接触,即 $\beta \to \infty$ 时,颗粒与平面的毛细力为

$$F_c = \pi dT\left(2 - \sqrt{\dfrac{2r_c}{d}}\right) \quad (2\text{-}42)$$

颗粒间毛细力大于颗粒间范德瓦耳斯力,比分子作用力大 1~2 个数量级。当颗粒间形成液桥时,颗粒间的毛细力将决定粉体的行为。在空气中,颗粒的凝聚主要是液桥力造成的,而在粉体非常干燥的条件下或真空中则是由范德瓦耳斯力引起的。因此,保持细粉颗粒的干燥是防止结团的极其重要的措施。

2.4.3　颗粒间的静电力

相互接触的颗粒有相对运动时,颗粒间将有电荷转移。当相互接触的颗粒为导体时,由于它们的电子电动势不同,电荷将从电动势低的颗粒转移到电动势高的颗粒。由于电荷的转移,颗粒将带电,颗粒间有作用力存在,称为静电力。

导体-非导体和非导体-非导体颗粒接触带电现象远比导体带电现象复杂,主要原因之一是非导体材料本身没有接受电荷的格点,带电现象很大程度上取决于颗粒所处的环境,因为颗粒所处的环境可使非导体颗粒表面被"污染",使之能够接受并积累电荷,所以非导体颗粒带电现象对颗粒所处的环境很敏感。此外,在粉体的操作单元中,颗粒间的接触形式(如滚动接触、滑动接触、碰撞接触),以及接触次数、接触时间、接触面积等都很

难测量,所以目前对颗粒带电现象的理解很不全面,仍达不到准确定量计算的程度。很多实验和理论研究表明,除具有强带电性的高分子颗粒外,颗粒间的静电力远小于颗粒间的范德瓦耳斯力和毛细力。

表 2-7 给出了筛分、螺旋给料、研磨、雾化、气力输送粉体操作单元中颗粒带电强度的参考值。在某些情况下,电荷将随时间的增加而积累,所产生的电场强度增加。当电荷的电场强度大于空气的击穿强度时,电荷的突然排放会导致产生爆炸等危害。

表 2-7 一些操作单元颗粒带电强度的参考值

操作单元	单位质量带电量/(C/kg)	操作单元	单位质量带电量/(C/kg)
筛分	$10^{-9} \sim 10^{-11}$	雾化	$10^{-4} \sim 10^{-7}$
螺旋给料	$10^{-6} \sim 10^{-8}$		
研磨	$10^{-6} \sim 10^{-7}$	气力输送	$10^{-4} \sim 10^{-6}$

2.5 颗粒的团聚与分散

2.5.1 颗粒的团聚状态与机理

团聚与分散是颗粒(尤其是细粒、超粒分子)在介质中两个方向的相反行为。颗粒彼此互不相干,能自由运动的状态称为分散;在气相或液相中,颗粒由于相互作用力而形成聚合状态称为团聚。

颗粒的分散技术应用日益广泛,涉及化工、冶金、食品、医药、造纸、建筑及材料等众多工业生产领域。

在化工领域,如涂料、染料、石墨和化妆品等,分散及分散稳定性直接影响着产品的质量和性能。在材料科学领域,复合材料及纳米材料制备的成败与超微粉体的分散稳定性紧密相连。在超微粉体的制备、分级及加工过程中,分散技术是最关键的技术。

总之,在工程应用领域,颗粒的分散已成为提高产品(材料)质量和性能、提高工艺效率不可或缺的技术手段。

1. 颗粒的团聚状态

颗粒的团聚根据其作用机理可分为三种状态:凝聚体、附聚体、絮凝。

凝聚体是指以面相接的原级粒子,其表面积比单个粒子组成之和小得多,这种状态的再分散十分困难。

附聚体是指以点、角相接的原级粒子团簇或小颗粒在大颗粒上的附着,其总表面积比凝聚体大,但小于单个粒子组成之和,再分散比较容易。凝聚体和附聚体也称二次粒子。

絮凝是指由于体系表面积的增加、表面能增大,为了降低表面能而生成的更加松散的结构。一般是由于大分子表面活性剂或水溶性高分子的架桥作用,颗粒串联成结构松散似棉絮的团聚物。在这种结构中,粒子间的距离比凝聚体或附聚体大得多。

2. 颗粒的团聚机理

当颗粒间的作用力远大于颗粒的重力时,颗粒的行为很大程度上已不再受重力的约束。颗粒有团聚的倾向。颗粒的团聚有有利的一面,能改善细颗粒的流动性、避免粉尘、易于包装等;但也有不利的方面,如使用前需要混合操作等。

颗粒的团聚性主要取决于颗粒间的作用力和颗粒的重力之比,定义颗粒的团聚数 C_0 为

$$C_0 = \frac{F_{\text{inter}}}{mg} \tag{2-43}$$

式中:m——颗粒的质量,kg;

F_{inter}——附着力,N。

对于流化催化裂化(fluid catalytic cracking,FCC)颗粒,在没有气体吸附效应的情况下,颗粒的团聚数随颗粒尺寸的变化示于图 2-13。可以看出,随颗粒尺寸的减小,颗粒的团聚数急剧增加。对于尺寸小于 1 μm 的颗粒,颗粒的团聚数大于 10^6,可见小颗粒在颗粒间力的作用下将形成团聚体。

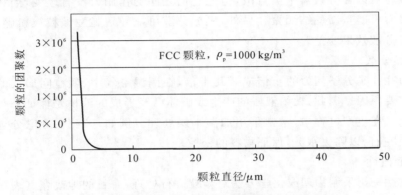

图 2-13 FCC 颗粒的团聚数随颗粒直径的变化

不同粒径玻璃球团聚数如表 2-8 所示,对于尺寸小于 1 μm 的颗粒,颗粒的团聚数大于 10^6,可见颗粒越细,颗粒间的相互作用越紧密,细小颗粒在颗粒间力的作用下很容易形成团聚体。

表 2-8 不同粒径玻璃球团聚数

玻璃球半径 $r/\mu m$	毛管负压 p /N	表面张力 σ/N	附着力 F_{inter}/N	自重/N	$C_0 = F_{\text{inter}}/(mg)$
1000	6.37×10^{-4}	1.27×10^{-6}	6.38×10^{-4}	1.03×10^{-4}	6.19
100	6.33×10^{-5}	4.02×10^{-7}	6.37×10^{-5}	1.03×10^{-7}	6.18×10^{2}
10	6.20×10^{-6}	1.26×10^{-7}	6.33×10^{-6}	1.03×10^{-10}	6.15×10^{4}
1	5.81×10^{-7}	3.91×10^{-8}	6.20×10^{-7}	1.03×10^{-13}	6.02×10^{6}

2.5.2 颗粒在空气中的团聚与分散

1. 颗粒在空气中发生团聚的主要原因

颗粒的团聚性主要取决于颗粒间的作用力和颗粒的重力之比。范德瓦耳斯力、静电

力和液桥力是造成颗粒在空气中团聚的最主要原因。

在潮湿的空气中,颗粒的团聚主要是由液桥力造成的,当空气的相对湿度超过 65% 时,水蒸气开始在颗粒表面及颗粒间凝聚,颗粒间因形成液桥而导致团聚作用大大增强。而在非常干燥的条件下则是由范德瓦耳斯力引起的。因此,在空气中,保持超微粉体的干燥是防止团聚的重要措施。另外,采用助磨剂和表面改性剂也是极有效的方法。

2. 颗粒在空气中分散的主要途径

1) 机械分散

机械分散是指用机械力把颗粒聚团打散。这是一种常见的分散方法。机械分散的必要条件是机械力(指流体的剪切力及压应力)大于颗粒间的黏着力。

通常机械力是由高速旋转的叶轮圆盘或高速气流的喷射和冲击作用所引起的气流强湍流运动而造成的。机械分散较易实现,但由于这是一种强制性的分散方法,尽管互相黏结的颗粒可以在分散器中被打散,但是它们之间的作用力没有改变,当颗粒排出分散器之后又有可能重新黏结团聚。另外,机械分散可能导致脆性颗粒被粉碎,且机械设备磨损后其分散效果变差。

2) 干燥分散

液桥力往往是分子间力的十倍或者几十倍,在潮湿空气中,颗粒间形成的液桥是颗粒团聚的主要原因。因此,杜绝液桥的产生或破坏已经形成的液桥是保证颗粒分散的主要手段之一。在生产过程中,常常采用加温干燥处理。例如,矿粒在静电分选前往往加温至 200 ℃左右,以除去水分,保证物料的松散。

3) 表面改性

表面改性是指采用物理或化学方法对颗粒进行处理,有目的地改变其表面物理化学性质,使颗粒具有新的机能并提高其分散性。

4) 静电分散

对于同质颗粒,由于表面带电相同,静电力反而起排斥作用。因此,可利用静电力来进行颗粒分散,问题的关键是如何使颗粒群充分带电。采用接触带电、感应带电等方式可以使颗粒带电,但最有效的方法是电晕带电,使连续供给的颗粒群通过电晕放电形成粒子电帘,从而使颗粒带电。

2.5.3 颗粒在液体中的团聚与分散

1. 固体颗粒的湿润

颗粒表面的湿润性对粉体的分散具有重要的意义,是粉体分散、固液分离、表面改性和造粒等工艺的理论基础。固体颗粒被液体湿润的过程主要基于颗粒表面的湿润性(对该液体)。将一滴液体置于固体表面,便形成固、液、气三相界面,当三相界面张力达到平衡时,界面如图 2-14 所示。

界面张力与平衡湿润接触角的关系为

$$\gamma_{sg} = \gamma_{sl} + \gamma_{lg}\cos\theta \tag{2-44}$$

式中:γ_{sg}——固气界面张力;

γ_{sl}——固液界面张力;

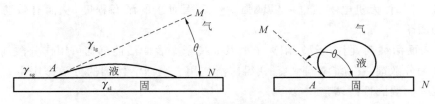

图 2-14　固、液、气三相界面

γ_{lg}——液气界面张力；

θ——平衡湿润接触角，即固液界面与气液表面间的夹角。

$\gamma_{lg}\cos\theta$ 越大，固体越易湿润，即较高的 γ_{lg} 和较低的 θ 有助于湿润的自发进行。

只要测出平衡湿润接触角，就可以判断固体的湿润性，习惯上，将 $90°<\theta<180°$ 称为不湿润或不良湿润，$0°<\theta<90°$ 称为部分湿润或有限湿润，$\theta=0°$ 称为完全湿润或铺展。根据表面接触角的大小，固体颗粒可分为亲水性和疏水性两大类。

2. 颗粒在液体中分散的主要途径

调节颗粒在液相中的分散性与稳定性的途径有：第一，通过改变分散相与分散介质的性质来调控 Hamaker 常数，使其值变小，颗粒间吸引力下降；第二，调节电解质及定位粒子的浓度，促使双电层增加，颗粒间排斥作用力增大；第三，选用附着力较强的聚合物和与聚合物亲和力较大的分散介质，增大颗粒间排斥作用力。

颗粒在液体中的分散调控手段，大体可分为介质调控、分散剂调控、超声调控和机械搅拌调控四类。

1) 介质调控

根据颗粒的表面性质选择适当的介质，可以获得充分分散的悬浮液。选择分散介质的基本原则是：非极性颗粒易于在非极性液体中分散，极性颗粒易于在极性液体中分散，即所谓相同极性原则。

例如，许多有机高聚物(聚四氟乙烯、聚乙烯等)及具有非极性表面的矿物(石墨、滑石、辉钼矿等)颗粒易于在非极性油中分散，而具有极性表面的颗粒在非极性油中往往处于团聚状态，难以分散。反之，非极性颗粒在水中则往往呈强团聚状态。

另外，相同极性原则需要同一系列确定的物理化学条件的配合才能保证实现良好的分散。如极性颗粒在水中可以表现出截然不同的团聚分散行为，说明物理化学的重要性。

2) 分散剂调控

颗粒在液体中的良好分散所需的物理化学条件，主要是通过加入适量的分散剂来实现的，分散剂的加入强化了颗粒间的相互排斥作用。

常用的分散剂主要有三种：

(1) 无机电解质，如聚磷酸盐、硅酸钠、氢氧化钠及碳酸钠等。聚磷酸盐是偏磷酸的直链聚合物，聚合度在 20～100 范围内；硅酸盐在水溶液中也往往生成硅酸聚合物，为了增强分散作用，通常在强酸性介质中使用。

研究表明，无机电解质分散剂吸附在颗粒表面，一方面显著提高了颗粒表面电位的绝对值，从而产生强的双电层静电排斥作用；另一方面，聚合物吸附层可诱发很强的空间排斥效应。同时,无机电解质也可以增强颗粒表面对水的湿润程度,从而有效防止颗粒在水中的团聚。

(2) 表面活性剂,阴离子型、阳离子型及非离子型表面活性剂均可用作分散剂。表面活性剂作为分散剂,在涂料工业中已获得广泛使用。表面活性剂的分散作用主要表现为它对颗粒表面湿润性的调整。

(3) 高分子分散剂,其吸附膜对颗粒的聚集状态有非常明显的作用,这是因为它的膜厚往往可达几十纳米,几乎与双电层的厚度相当。所以,它的作用在颗粒相距较远时便开始显现出来。高分子分散剂是常用的调节颗粒团聚及分散的化学药剂。其中聚合物电解质易溶于水,常用作以水为介质的分散剂,而其他高分子分散剂往往用于以油为介质的颗粒分散剂,如天然高分子类的卵磷脂、合成高分子类的长链聚酯及多氨基盐等。实际应用中高分子分散剂的用量较大。

3) 超声调控

超声调控是把需要处理的工业悬浮液直接置于超声场中,控制恰当的超声频率及作用时间,使颗粒充分分散。超声分散作用主要是由超声频率和颗粒粒度的相互关系决定的。

超声波作用主要是空化效应,当液体受到超声波作用时,液体介质中产生大量的微气泡,在微气泡的形成和破裂过程中,伴随能量的释放,空化现象产生的瞬间,形成强烈的振动波,液体中微气泡快速形成和突然崩溃导致产生了短暂的高能微环境,使得在普通条件下难以发生的变化有可能实现。而通过超声波的吸收,悬浮液中各组分产生共振效应。另外,乳化作用、宏观的加热效应等也促进分散进行。

超声波对纳米颗粒的分散十分有效,超声波分散就是利用超声空化时产生的局部高温、高压、强冲击波和微射流等,较大幅度地弱化纳米微粒间的纳米作用能,有效防止纳米微粒团聚而使之充分分散。但应当避免使用过热超声搅拌,因为随着热能和机械能的增加,颗粒碰撞的概率也增大,反而导致进一步的团聚。

4) 机械搅拌调控

机械搅拌调控是指通过强烈的机械搅拌方式引起液流强湍流运动产生冲击、剪切及拉伸等机械力而使颗粒团聚碎解悬浮。强烈的机械搅拌是一种碎解团聚的有效手段,这种方法在工业生产过程中得到广泛应用。工业应用的机械分散设备有高速转子-定子分散器、刀片分散机和辊式分散机等。

机械搅拌的主要问题是,一旦颗粒离开机械搅拌产生的湍流场,外部环境复原,它们又有可能重新团聚。因此,机械搅拌加化学分散剂的双重作用往往可获得更好的分散效果。

本章思考题

1. 请简述粉体及颗粒的定义并说明粉体具有哪些特点。

2. 如何定量描述粉体颗粒的大小和形状？

3. 请简述粒径与粒度的区别和联系。

4. 何为中位径？中位径与平均粒径是否相同？累积筛下和累积筛余的含义是什么？二者曲线的交点在何处？

5. 请简要叙述形状系数和形状指数的区别和联系。

6. 颗粒间的作用力主要包含哪些？在空气中，颗粒的团聚主要是由哪些作用力造成的？请简述颗粒团聚的优缺点。

7. 颗粒在空气中分散的主要途径有哪些？

8. 颗粒在液体中分散的主要途径有哪些？

第3章 粉体的性能与表征

习近平新时代中国特色社会主义思想坚持运用辩证唯物主义观察和解决中国问题，强调学习掌握世界统一于物质、物质决定意识的原理，坚持从客观实际出发制定政策、推动工作。因此，从辩证唯物主义的视角探索粉体的性能，定量表征粉体的物性，是解决粉体工程领域各类技术问题、推动相关科研工作的重中之重。

3.1 堆积物性

粉体的堆积物性也称为粉体的填充性能，是指粉体层的内部颗粒在空间的排列形态。粉体的堆积物性是粉体集合体的基本性质，要想定量地表征与粉体层有关的各类操作过程，就必须研究粉体层内部颗粒的排列情况。例如工业生产中的各操作单元对粉体的堆积状态有着不同的要求，通常为避免料仓里料流阻塞，要求粉体层处于最疏填充状态，而在粉体造粒的操作单元中则往往要求粉体层处于最密填充状态。

粉体的堆积物性不是固定的，它会随着粉体颗粒的大小、颗粒间的相互作用以及填充条件的变化而变化。

粉体的堆积物性可用堆积密度、空隙率、空隙比、充填率、配位数等参数来表示。

3.1.1 粉体的密度

粉体的密度是指单位体积粉体的质量。由于粉体的颗粒内部和颗粒间存在空隙，粉体的体积具有不同的含义。

粉体的密度根据所指的体积不同分为真密度、表观密度和堆积密度。

粉体材料的体积构成如图 3-1 所示。

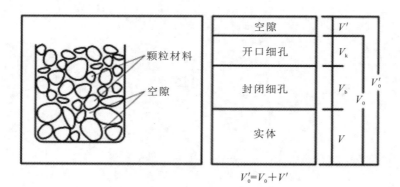

图 3-1 粉体材料的体积构成

1. 真密度

粉体的真密度 ρ 是指粉体质量 M 除以不包括颗粒内外空隙的体积（真体积 V）所求得的密度。

$$\rho = \frac{M}{V} \tag{3-1}$$

2. 表观密度

粉体的表观密度是指粉体质量 M 除以包括开口细孔与封闭细孔在内的颗粒体积 V_0 所求得的密度。

$$\rho_0 = \frac{M}{V_0} \tag{3-2}$$

3. 堆积密度

粉体的堆积密度是指质量 M 除以该粉体所占容器的体积 V_0' 所求得的密度。

$$\rho_0' = \frac{M}{V_0'} \tag{3-3}$$

其中，$V_0' = V_0 + V'$，V' 为空隙体积。

粉体的堆积密度不仅取决于颗粒的形状、颗粒的尺寸与尺寸分布，还取决于粉体的堆积方式。常用的堆积密度有松动堆积密度 ρ_{0b}' 和紧密堆积密度 ρ_{0t}'。松动堆积是指在重力作用下慢慢沉积后的堆积，紧密堆积是通过机械振动所达到的最紧密堆积。

粉体的松动堆积密度 ρ_{0b}' 和紧密堆积密度 ρ_{0t}' 受粉体堆积方式和堆积过程的影响，可采用日本细川粉体物性测试机测量。

图 3-2(a) 是松动堆积密度测量示意图，其中测量容器的体积为 100 mL，被测粉体通过振动装置落入测量容器，称得容器内颗粒的质量即可得到粉体的松动堆积密度。振动装置的作用是使颗粒的聚团分散，振动装置的规格要稍大于颗粒的最大尺寸。

当测量紧密堆积密度时，把测量容器置于振动装置上，测量容器的顶端外接一容器以容纳较多的粉体，如图 3-2(b) 所示。当外接容器内粉体的位置不再下降时，停止振动并移走外接容器，刮平测量容器顶端粉体后，测量容器内粉体的质量即可得到粉体的紧密堆积密度。

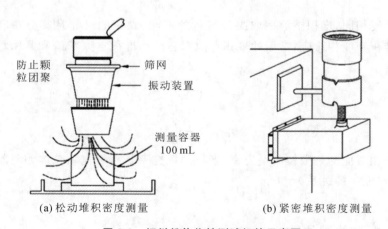

(a) 松动堆积密度测量　　(b) 紧密堆积密度测量

图 3-2　细川粉体物性测试机的示意图

若颗粒致密，无细孔和空洞，则 $\rho = \rho_0$，通常 $\rho \geqslant \rho_0 \geqslant \rho_{0t}' \geqslant \rho_{0b}'$。几种常见材料的密度如表 3-1 所示。真密度、表观密度和堆积密度的比较如表 3-2 所示。

表 3-1　几种常见材料的密度

材料名称	真密度/(g/cm³)	表观密度/(g/cm³)	堆积密度/(kg/m³)
钢材	7.85	—	—
松木	1.55	0.40～0.80	—
水泥	3.10	—	1000～1600
砂	2.66	2.65	1450～1650
石灰石碎石	2.60～2.80	2.60	1400～1700
普通混凝土	2.60	2.10～2.60	—
普通黏土砖	2.50	1.60～1.80	—

表 3-2　真密度、表观密度及堆积密度的比较

比较项目	真密度	表观密度	堆积密度
材料状态	绝对密实	自然状态	堆积状态
材料体积	V	V_0	V'_0
计算公式	$\rho = \dfrac{M}{V}$	$\rho_0 = \dfrac{M}{V_0}$	$\rho'_0 = \dfrac{M}{V'_0}$
应用	判断材料性质	用量计算、体积计算	

3.1.2　粉体堆积的空隙率

粉体堆积的空隙率 ε 定义为颗粒间的空隙体积 V' 除以粉体的堆积体积 V'_0，即

$$\varepsilon = \frac{V'}{V'_0} = 1 - \frac{\rho'_0}{\rho_0} \tag{3-4}$$

与堆积密度相同，堆积空隙率取决于颗粒的形状、颗粒的尺寸及其分布和粉体的堆积方式。与堆积密度相对应，常用的堆积空隙率有松动堆积空隙率 ε_{0b} 和紧密堆积空隙率 ε_{0t}，分别为

$$\varepsilon_{0b} = 1 - \frac{\rho'_{0t}}{\rho_0} \tag{3-5}$$

$$\varepsilon_{0t} = 1 - \frac{\rho'_{0b}}{\rho_0} \tag{3-6}$$

与空隙率相对应的是颗粒的填充率，颗粒的填充率是指填充颗粒体积与粉体堆积体积的比，其与空隙率的关系为

$$\phi = 1 - \varepsilon \tag{3-7}$$

3.1.3　颗粒的配位数

颗粒的配位数是粉体堆积中与某一颗粒所接触的颗粒个数。均匀尺寸颗粒有图 3-3 所示的 6 种排列形式，其最小单元体的空间特性如图 3-4 所示。

其中排列 1 为立方最疏排列，排列 3 为棱面体最密排列，排列 6 是六方最密排列；颗

粒的配位数在 6~12 之间。均匀尺寸球形颗粒的配位数与堆积空隙率的测量结果如表 3-3 所示。对堆积空隙率进行实验，实验颗粒的直径为 7.56 mm，堆积方式为自然堆积，测量结果与表 3-3 中最小单元体空隙率的计算值一致。

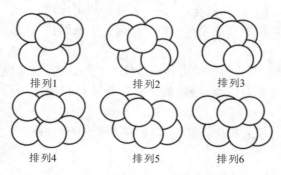

图 3-3　均匀尺寸颗粒的 6 种排列形式示意图

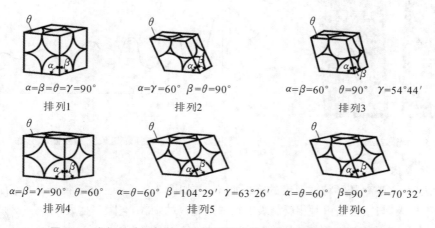

图 3-4　均匀尺寸颗粒的 6 种排列形式最小单元体空间特性示意图

表 3-3　均匀尺寸颗粒的配位数和空隙率

排列号	底面积	空隙率	填充率	配位数	名称
1	1	0.4764	0.5236	6	立方最疏填充
2	1	0.3954	0.6046	8	正斜方体填充
3	1	0.2594	0.7406	12	棱面体最密填充
4	$\sqrt{3}/2$	0.3954	0.6046	8	正斜方体填充
5	$\sqrt{3}/2$	0.3019	0.6981	10	楔形四面体填充
6	$\sqrt{3}/2$	0.2595	0.7405	12	六方最密填充

3.1.4　堆积性能的影响因素

研究粉体堆积理论，对于指导粉体操作单元的工艺流程有着重要的实践意义。例如水煤浆的可燃性及流动性都与煤粉的粒度级配和堆积空隙率有直接的关系;同时,原料的堆积特性对生产过程和产品质量有着重要的影响,可通过粒度分析和堆积率计算控制产品质量;另外,通过分析计算粉体空隙率或填充率的大小,可以进行设备选择和计算,例如计算粉体的体积,从而计算料仓的大小,并进行结构设计。

影响粉体堆积性能的因素主要有颗粒的几何大小及形状、含水量及壁面的形式等。

1. 壁效应

当颗粒填充容器时,在容器壁附近形成特殊的排列结构,这就称为壁效应。图3-5是由滚珠填充而成的二维实验模型,器壁的第一层是特殊排列的,倾斜壁后从第二层起就要受壁效应的影响。

将液体缓缓地注入填充物中,测定液面的微小变化,得到图3-6所示沿容器半径方向的空隙率分布。

图 3-5 壁效应的演示

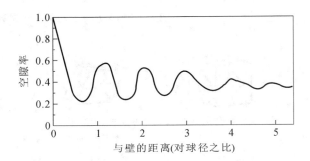

图 3-6 同一球径随机填充的空隙率分布

2. 颗粒形状

实验表明,空隙率随颗粒球形度的降低而增加,如图3-7所示。在松散堆积时,有棱角的颗粒空隙率较大,与紧密堆积时相反。表面粗糙度越高的颗粒,空隙率越大,如图3-8所示。

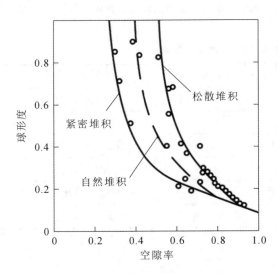

图 3-7 空隙率与球形度之间的关系

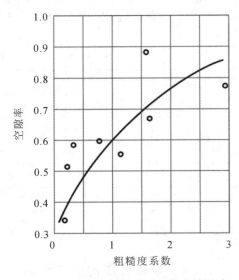

图 3-8 颗粒表面粗糙度对空隙率的影响

3. 粒径大小

如图 3-9 所示，对颗粒群而言，粒径越小，由于粒间的团聚作用，空隙率越大。随着粒径增大，与粒子自重相比，凝聚力的作用可以忽略不计，粒径变化对空隙率的影响急剧减小。当粒径超过某一定值时，粒径大小与颗粒空隙率无关，此值为临界值。当颗粒粒径较大时，较高的填充速度会导致物料的松散密度较小，但对于如面粉那样具有黏聚力的细粉，降低供料速度可得到松散堆积。

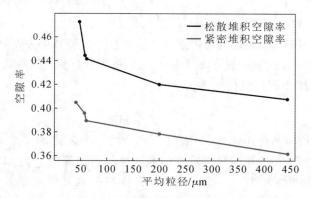

图 3-9 粒径对空隙率的影响

4. 粉体的含水率

潮湿物料由于颗粒表面吸附水，颗粒间具有毛细力，导致颗粒间附着力增大，形成团粒。由于团粒尺寸较一次粒子大，且团粒内部保持松散的结构，因此整个物料堆积密度下降。图 3-10 是窄粒级砂子含水率和料层堆积密度的变化关系曲线。

由图 3-10 可知，当含水率较低时，即在 a 线部分，随水率增大，物料堆积密度略有降低，但降低不多。随含水率增大，堆积密度迅速降低，当含水率达到约 8% 时降到了最低点，随后略有回升。当含水率继续增大时，堆积密度会超过干物料的堆积密度。

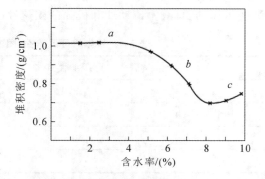

图 3-10 含水率对粉体堆积密度的影响

3.2 可压缩性

在粉体材料制备过程中，原料粉体的化学成分和物理性能最终反映在工艺性能上，特别是可压缩性和烧结性能。

可压缩性（compressibility）表示粉体在压力作用下体积减小的能力，成形性（compactibility）表示物料紧密结合成一定形状的能力。粉体的可压缩性和成形性简称压缩成形性。压缩成形理论以及各种物料的压缩特性，对于处理操作单元工艺选择具有重要意义。

当粉体在松动堆积状态下受压时,粉体的堆积体积将减小,即颗粒间的空隙减小。由于在粉体的操作单元中粉体通常处于轻微可压状态,所以粉体的可压缩性通常用粉体的松动堆积状态和紧密堆积状态来表征,且粉体的可压缩性 C 定义为

$$C = 100 \frac{V'_{0b} - V'_{0t}}{V'_{0b}} = 100\left(1 - \frac{\rho'_{0b}}{\rho'_{0t}}\right) \tag{3-8}$$

粉体紧密堆积密度和松动堆积密度之比为

$$HR = \frac{\rho'_{0t}}{\rho'_{0b}} \tag{3-9}$$

粉体的 HR 常用于表征粉体的可压缩性和流动性。实验结果表明,较粗颗粒的 HR 值较小(HR<1.2);细颗粒的 HR 值较大(HR>1.4);极细颗粒具有较高的 HR 值(HR>2)。

粉体的可压缩性和 HR 值的关系为

$$C = 100\left(1 - \frac{1}{HR}\right) \tag{3-10}$$

表 3-4 给出了粉体的可压缩性、团聚性和流动性与 HR 值的关系。当 HR<1.2 时,粉体的可压缩性小于 15%,粉体具有较好的流动性和不团聚性。当 HR 值在 1.2 和 1.4 之间时,粉体的可压缩性在 15%~30% 之间,粉体具有较好的流动性和轻微的团聚性。当 HR 值在 1.4 和 2.0 之间时,粉体的可压缩性在 30%~50% 之间,粉体具有较高的可压缩性、差流动性和强团聚性,如花椒粉在 C>30% 时倒不出来。当 HR>2.0 时,粉体是高度可压的,具有不流动性和极强的团聚性。

表 3-4 粉体的可压缩性、团聚性和流动性与 HR 值的关系

HR 值	可压缩性/(%)	流动性	团聚性
<1.2	<15	流动性良好	不团聚
1.2~1.4	15~30	流动性好	轻微团聚性
1.4~2.0	30~50	流动性差	强团聚性
>2.0	>50	不流动	极强的团聚性

3.3 摩 擦 特 性

所谓粉体的摩擦特性,是指粉体中固体颗粒之间以及颗粒与固体边界表面之间因摩擦而产生的一些特殊的物理现象,以及由此表现出的一些特殊的力学性质。

粉体的摩擦特性是粉体力学的基础,不仅与粉体的静止堆积状态、流体特性及对料仓壁面的摩擦行为和滑落特性等粉体基本性质有关,还会影响粉体操作中物料的堆放、贮存、移动(包括加料、卸料和运输)、压缩等过程,是设计粉体装备时十分重要的特性。

表示粉体摩擦特性的物理量是摩擦角(或摩擦系数),对于同一种粉体,由于在不同的原始条件和不同的测定方法下所获得的摩擦角的数值是有差别的,因此,摩擦角就有不同的表达方法。常用的摩擦角有安息角、内摩擦角、壁摩擦角和滑动角等。

3.3.1 安息角

安息角(又称休止角、堆积角)是指粉体自然堆积时的自由表面在静止平衡状态下与水平面所形成的最大角度。安息角常用来衡量和评价粉体的流动性。因此,有研究者将该角度视作粉体的"黏度"。

粉体与流体的流动行为是有很大差别的。当粉体从容器流到平面时,粉体堆积在平面上且堆积尺寸随粉体的下落而增加,但其堆积角保持不变,如图 3-11 所示。当提起盛满粉体的容器时,粉体保持静止不动直到容器与平面成倾角 α 时,粉体开始流动,如图 3-12 所示。当盛有粉体的圆筒旋转时,粉体的表面不是保持水平,而是与水平面成一夹角 α,如图 3-13 所示。

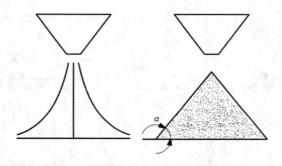

图 3-11 流体和粉体从容器流到平面时流动行为示意图

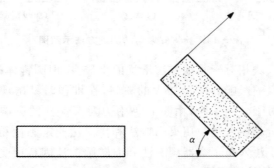

图 3-12 流体和粉体在提升容器内流动行为示意图

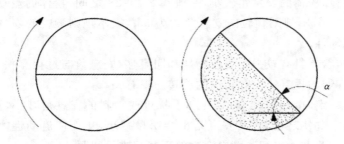

图 3-13 流体和粉体在旋转圆筒内流动行为示意图

静止状态的粉体堆积体自由表面与水平面之间的夹角为安息角,用 α 表示,它是通过特定方式使粉体自然下落到特定平台上形成的,是由自重运动形成的角。安息角对物体的流动性影响最大,α越小,粉体的流动性越好。另外,安息角也称为自然坡度角,是由粉体间相互摩擦系数决定的,它会影响料堆的形状。

安息角按其形成的方式可分为两种:一种是将粉体从某一高度注入平板上,这样所形成的安息角称为注入角(堆积角);另一种是将粉体注入某一有限直径的圆板上,当粉体堆积到圆板的边缘时,如果再注入粉体,则多余的粉体就会由圆板的边缘落下,这样在圆板上形成的安息角称为排出角。这两种安息角是有差别的,其差别与粉体的粒度分布有关。一般来说,粒度分布均匀的粉体所形成的两种安息角基本相同,而粒度分布较宽的粉体,其排出角大于注入角。

测定安息角的方法有很多,如图 3-14 所示。

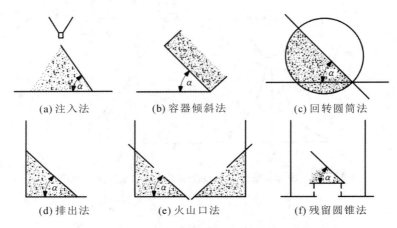

图 3-14　粉体安息角的测量方法示意图

残留圆锥法和注入法相对于其他方法干扰因素较少,但圆锥体的高度和底部直径对安息角的测定均有一定的影响。粒径较大的粉料,在堆积时易出现分层现象,使堆积料的粒度分布不均匀。对于黏性粉料,由于其黏附力对流动性的影响较大,故只宜采用残留圆锥法和注入法测定其注入角。用火山口法和排出法测定黏性粉料的安息角时,其排出角的测定值一般大于注入角。容器倾斜法和回转圆筒法因料层受容器的限制,其测定值偏大,但对充气性粉体较为适用。

对于球形颗粒,粉体的安息角较小,一般在 23°~28°之间,粉体的流动性好。规则颗粒的安息角约为 30°,不规则颗粒的安息角约为 35°,极不规则颗粒的安息角大于 40°,粉体具有较差的流动性。

对于细颗粒,粉体具有较强的可压缩性和团聚性,安息角与过程有关,即与粉体从容器流出的速度、容器的提升速度和转筒的旋转速度有关。

当其他条件一定时,冲击、振动等外部干扰可使粉料的安息角减小,流动性增加;往粉料内通入压缩空气使之松动,其安息角也会明显减小,从而使流动性大大提高。在实际生产中常利用这些办法来解决贮料仓中的下料困难等问题。

此外,安息角还可分静态和动态两种。以上讨论的安息角都是粉体在静止的承载面上形成的,故称之为静安息角α,而在运动的承载面(如运动中的胶带输送机胶带上)上所形成的安息角则称为堆积角α_d,通常$\alpha_d=(0.65\sim0.8)\alpha$,常取$\alpha_d=0.7\alpha$。

3.3.2 内摩擦角

1. 库仑定律

图 3-15 是一微元体在力作用下的变形与运动示意图。

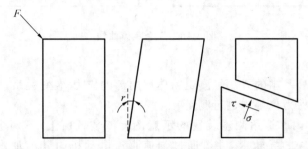

图 3-15 微元体在力作用下变形与运动示意图

与弹性固体和流体不同,粉体颗粒在力的作用下可以保持静止不动。如图 3-15 所示,当提升角小于安息角时,粉体保持静止不动,既无应变也无应变率。但当作用力大到一定程度时,粉体突然开始滑移。实验表明,粉体开始滑移时,滑移面上的剪应力 τ 是正应力 σ 的函数,即

$$\tau = f(\sigma) \tag{3-11}$$

当粉体开始滑移时,若滑移面上的剪应力 τ 与正应力 σ 成正比,即

$$\tau = \mu_c \sigma + c \tag{3-12}$$

则这样的粉体称为库仑粉体,通常工业生产所处理的大多数无机非金属粉体近似于库仑粉体。式(3-12)称为库仑定律,库仑定律中的 μ_c 是粉体的摩擦系数,又称内摩擦系数,c 是初抗剪强度。

初抗剪强度等于零的粉体称为简单库仑粉体。对简单库仑粉体,库仑定律为

$$\tau = \mu_c \sigma \tag{3-13}$$

库仑定律是粉体流动和临界流动的充要条件。当粉体内任一平面上的应力为 $\tau < \mu_c \sigma + c$ 时,粉体处于静止状态。当粉体内某一平面上的应力满足库仑定律 $\tau = \mu_c \sigma + c$ 时,粉体将沿该平面滑移。而粉体内任意平面上的应力 $\tau > \mu_c \sigma + c$ 的情况不会发生。

2. 内摩擦角的定义

在粉体的内部,由于颗粒相互之间存在着摩擦力,故粉体颗粒活动的局限性很大。对于简单库仑粉体,式(3-13)两边同乘以滑移面的面积得到力形式的库仑定律:

$$F = \mu_c N \tag{3-14}$$

这一关系式等同于物体在平面或斜面运动的摩擦定律。所以库仑摩擦系数通常写为

$$\mu_c = \tan\varphi_i \tag{3-15}$$

式中:φ_i——粉体的内摩擦角。

在 σ-τ 坐标中,库仑定律曲线如图 3-16 所示。

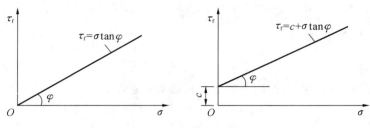

图 3-16　库仑定律曲线

3. 内摩擦角的测量

测定内摩擦角最基本的方法是测定粉体层内部的应力-应变关系,工程中常用单面或双面直剪仪和三轴剪力仪等来进行测量。

图 3-17 是粉体内摩擦角测量装置的示意图。该装置由上、下两个盛粉体的圆盒组成。下盒放在有滚珠的导轨上,并可通过匀速直流电动机向其施加水平方向的作用力 F。上盒与测力仪和位移传感器相连,以测量力 F 和上盒的位移。可通过图示的上盖对两盒中的粉体施加垂直方向的作用力 N。

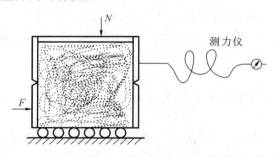

图 3-17　粉体内摩擦角测量装置示意图

当电动机开始运动时,水平轴向下盒施加水平方向的作用力 F,上盒将通过两盒间的粉体受到水平方向的作用力 F,力 F 由测力仪测得。则两盒间粉体的平面上将有剪力 F 和垂直力 N 的作用。当 F 小于粉体所能承受的最大剪力时,两盒处于平衡状态。当力 F 达到粉体所能承受的最大剪力时,两盒间的粉体开始流动,即两盒有相对位移。

改变垂直作用力 N,重复上述实验,即可得到 N 所对应的粉体能承受的最大剪力,这样就可得到一系列使两盒间粉体开始流动的 (F,N) 的临界值,除以两盒的截面积,就可得到一系列使两盒间粉体开始流动的 (τ,σ) 的临界值。通过线性回归就可得到粉体的库仑摩擦系数 μ_C 和初抗剪强度 c,由式(3-15)可得到粉体的内摩擦角 φ_i。

表 3-5 为单面直剪仪测得的某粉体的垂直应力和剪应力值的大小。

表 3-5　单面直剪仪测得的某粉体的垂直应力和剪应力值的大小

垂直应力 $\sigma/(\times 10^5\ Pa)$	0.253	0.505	0.755	1.01
剪应力 $\tau/(\times 10^5\ Pa)$	0.450	0.537	0.629	0.718

在粉体的 σ-τ 坐标中,其库仑曲线如图 3-18 所示。

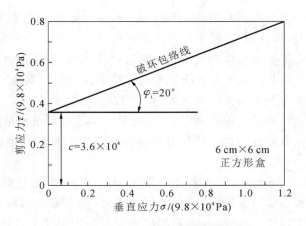

图 3-18 粉体的库仑曲线

由图可以得到其内摩擦角 $\varphi_i = 20°$。

另外,因为粉体层中颗粒的相互咬合是产生剪切阻力的主要原因,所以内摩擦角受到颗粒的表面粗糙度、附着水分、粒度分布以及空隙率等内部因素及粉料静止存放的时间和振动等外部因素的影响。一般来说,对于同一种粉体,内摩擦角随空隙率的增加呈线性关系减小。

3.3.3 壁摩擦角和滑动角

在工业生产中,还经常会遇到粉体与各种固体材料壁面直接接触或相对运动的情况,如在料仓中,粉料流动时就会与仓壁产生摩擦。粉体层与固体壁面之间的摩擦特性可用壁摩擦角 φ_w 表示,而滑动角 φ_s 则表示单个粒子与壁面的摩擦。壁摩擦角在粉料贮存料仓的设计和密相气力输送阻力的计算中,是个很重要的参数。

若库仑粉体与壁面的摩擦也满足库仑定律,即

$$\tau_w = \mu_{Cw} \sigma_w + c_w \tag{3-16}$$

则粉体与壁面的摩擦角 φ_w,简称壁摩擦角为

$$\mu_{Cw} = \tan\varphi_w \tag{3-17}$$

壁摩擦角的测定可在内摩擦角测定的有关仪器如直剪仪等中进行,此时只需将其下部粉体层换成与所测固体器壁相同材料的平板即可。图 3-19 是粉体与壁面摩擦系数的测量装置示意图,其中下盒内不是粉体而是镶嵌的壁面材料。

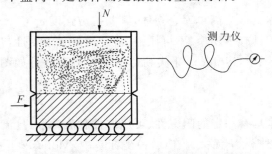

图 3-19 粉体与壁面摩擦系数测量装置示意图

壁摩擦角的影响因素有颗粒的大小和形状、壁面的表面粗糙度、颗粒与壁面的相对硬度、壁表面上的水膜形成情况、粉末静置存放时间等。

滑动角的测量是将载有粉体的平板逐渐倾斜,粉体全部滑落时的滑动角通常比刚开始滑动时的角度大 10°以上,对于某些个别附着力特别大的细粉颗粒,其滑动角甚至可能大于 90°。因此,实际上规定滑落时角度的 90% 为滑动角。

单个粒子的滑动角在工程中的应用不多,通常用滑动角来表示粉体与倾斜固体壁面之间的摩擦特性。如在研究捕集于旋风分离器集料斗中的颗粒沿锥壁下降的摩擦行为时将用到此角。

一般来讲,粉体的各摩擦角间有一定的关系,如 $\varphi_s > \varphi_w$;对无黏附性的粉料,$\varphi_i \geqslant \varphi_w$,当壁面表面粗糙度等于或超过粉料粒径时,等式成立,如混凝土与粉料之间的壁摩擦角近似等于粉料的内摩擦角;流动性良好的粉体的安息角近似等于其内摩擦角,而流动性较差的黏性粉料的安息角则要比其内摩擦角大。

当不知某种壁面与一定粉料间的壁摩擦系数,而已知另一种材料的壁摩擦系数时,可用下式概略换算:

$$\mu_1 : \mu_2 : \mu_3 : \mu_4 = 15 : 16 : 17 : 20 \tag{3-18}$$

式中:μ_1——钢与粉料之间的壁摩擦系数的相对值;

μ_2——木材与粉料之间的壁摩擦系数的相对值;

μ_3——橡胶与粉料之间的壁摩擦系数的相对值;

μ_4——粉末内摩擦系数的相对值。

值得注意的是,粉体摩擦角的影响因素非常复杂和繁多。虽然各种摩擦角都有其一定的定义,但由于测定方法不同,所得摩擦角亦不同,即使同一种物料也会因生产加工处理情况的不同而具有不同的摩擦角。例如,颗粒粒径小,黏附性、吸水性增大,都会使摩擦角增大;反之,颗粒表面光滑,呈球形,空隙率大,对粉料充气等,摩擦角会变小。所以实际应用时除应查有关手册外,必要时应以实测数据为准。

3.3.4　Molerus 粉体分类

Molerus 按照粉体的摩擦行为将粉体分成三类,其中初抗剪强度 $c=0$ 的粉体为 Molerus Ⅰ类粉体;初抗剪强度 $c \neq 0$,与预压缩应力无关的粉体为 Molerus Ⅱ类粉体;初抗剪强度 $c \neq 0$,与预压缩应力有关的粉体则为 Molerus Ⅲ类粉体。

1. Molerus Ⅰ类粉体

Molerus Ⅰ类粉体也称为简单库仑粉体,其初抗剪强度 $c=0$。

Molerus Ⅰ类粉体具有不团聚、不可压缩、流动性好且流动性与粉体预压缩应力无关等特点。在 (σ, τ) 坐标系中,Molerus Ⅰ类粉体的临界流动条件如图 3-20 所示,为过原点的一条直线。

2. Molerus Ⅱ类粉体

Molerus Ⅱ类粉体具有一定的团聚性、可压缩性和流动性,且流动性与预压缩应力无关,即初抗剪强度 c 与外载 N 无关。在 (σ, τ) 坐标系中,Molerus Ⅱ类粉体的临界流动条件如图 3-21 所示,为一条直线,且在 τ 轴上的截距等于 c。

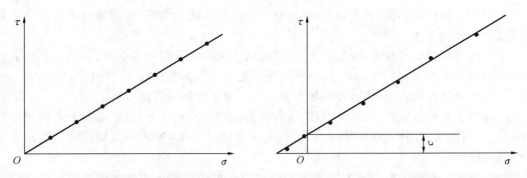

图 3-20　Molerus Ⅰ类粉体的临界流动条件示意图　　图 3-21　Molerus Ⅱ类粉体的临界流动条件示意图

3. Molerus Ⅲ类粉体

Molerus Ⅲ类粉体的初抗剪强度不为零且与预压缩应力有关。通常此类粉体的内摩擦角也与预压缩应力有关。Molerus Ⅲ类粉体的内摩擦角也和预压缩应力有关，在临界流动条件图中，可以得到同预压缩应力有关的曲线族，如图 3-22 所示，与预压缩莫尔应力圆相切的曲线称为有效流动曲线。

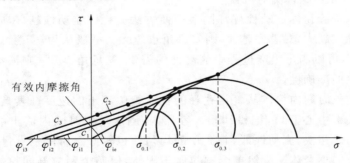

图 3-22　Molerus Ⅲ类粉体的临界流动条件示意图

Molerus Ⅲ类粉体具有较强的团聚性和可压缩性、较差的流动性，且流动性与预压缩应力有关。在粉体储存与输送单元操作中，其流动性与粉体的加料过程和方式有关。外力作用（如敲打、振动等）会造成粉体处于紧密压缩状态而使其流动性变差，进而在设备中发生堵塞现象。

3.4　粉体的流动性

粉体的流动性在粉体工程设计中的应用范围很广，有些粉体性质松散，能自由流动，有些粉体则有较强的黏着性，黏结在一起不易流动。测定粉体的流动性并进一步改善其流动性状，对粉体的生产、输送、储存、装填以及工业中的粉末冶金、医药中不同组分的混合、农林业中杀虫剂的喷洒等工艺工程都具有重要的意义。

在水泥厂中，许多操作过程都会涉及粉体的重力流动，例如料仓、均化库、旋风预热器、收尘系统等。研究粉体的流动性能，对于粉体设备的设计，以及解决生产中经常发生的粉体流动不正常现象（甚至黏附结皮和结拱堵塞），都具有十分重要的意义。

对于粉体的流动性、流化性能、喷流性等表征粉体操作的特性,目前还没有统一的或定量化的描述方法。

粉体的流动性与粒子的形状、大小、表面状态、密度、孔隙率等有关,加上颗粒之间的内摩擦力和黏附力等的复杂关系,其流动性不能用单一的值来表达。

粉体流动性的测量方法,按测量参数可分为静态法和动态法。

静态法有安息角法、内摩擦角法、壁摩擦角法和滑动角法等;动态法有小孔流出速度法、旋转圆筒法、旋转式黏度计法、记录式粉末流速计法等(国内还有测定金属粉末流动性的流速漏斗法)。

按测量装置的类型可分为剪切类和流动类。剪切类测量装置主要测量切向应力与法向应力之间的关系,从而得到剪切方程。这类装置中具有代表性的有直接剪切仪、詹尼克(A. W. Jenike)剪切仪等。但是,剪切方程给出的只是粉体试样破坏时的起始应力,不能表示剪切速率对剪切力的影响,而在实际的操作中,颗粒的运动速度或被剪切的速度对粉体的流动性有着很大的影响。流动类测量装置通过测量一定条件下粉体流动的速率或流出的时间来表征粉体的流动性,具有代表性的测量方法有安息角法、流速测定法和卡尔(R. L. Carr)综合流动指数法等。

安息角法是检验粉体流动性好坏的最简便方法。粉体流动性越好,安息角越小;粉体粒子表面粗糙度越大,黏着性越大,则安息角也越大。一般认为,安息角≤30°,流动性好;安息角≤40°,可以满足生产过程中流动性的需要;安息角≥40°,则流动性差,需采取措施保证分剂量的准确性。

流速是指单位时间内粉体从一定孔径的孔或管中流出的速度。其具体测定方法是在圆筒容器的底部中心开口,把粉体装入容器内,测定单位时间内流出的粉体量,即流速。一般粉体的流速快,流动性好,其流动的均匀性也较好。粉体是大量具有相互作用的微小固体颗粒的集合体。虽然单个颗粒属于固体,但整个颗粒群即粉体,却具有类似液体的特性,如粉体的流动性、粉体层内部的压力等。

3.4.1 粉体的开放屈服强度

结拱是粉体储存与输送操作单元中常见的问题。拱能使单元操作中断,或影响产品质量,在生产和单元操作中应避免拱的产生。

由于拱存在自由表面,在自由表面上既无剪应力又无正应力,根据剪应力互补原理,在与自由表面相垂直的表面上只有正应力而无剪应力,如图 3-23 所示。取含自由表面的一微元体,如图 3-24 所示,可以看出此正应力也是使拱破坏的最大正应力。这一最大正应力是粉体的物性,称为粉体的开放屈服强度或粉体的开放屈服应力。

粉体开始流动时的库仑曲线如图 3-25 所示,拱的自由表面上既无剪应力又无正应力,对应图 3-25 的坐标原点,与拱自由表面相垂直的表面对应 σ 轴上的某一点。

根据库仑定律,当过原点的莫尔应力圆与库仑曲线相切时,粉体开始流动,即拱被破坏。

所以,粉体的开放屈服强度对应于该莫尔圆与 σ 轴的交点,如图 3-25 所示的 f_c。

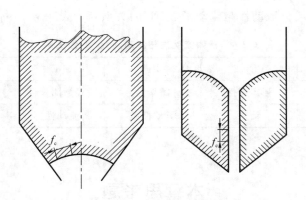

图 3-23 粉体拱示意图

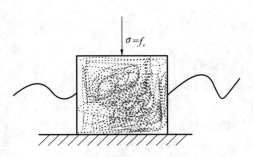

图 3-24 拱表面微元体示意图

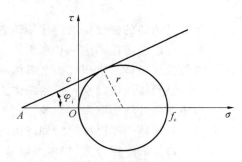

图 3-25 粉体拱处于临界流动时的应力图

由图 3-25 的几何关系可得：

$$OA + \frac{f_c}{2} = \frac{f_c}{2\sin\varphi_i} \tag{3-19}$$

$$OA = \frac{c}{\tan\varphi_i} \tag{3-20}$$

从上两式可得粉体的开放屈服强度 f_c 为

$$f_c = \frac{2\cos\varphi_i}{1-\sin\varphi_i}c \tag{3-21}$$

由式(3-21)得：Molerus Ⅰ类粉体的开放屈服强度为 0，即 Molerus Ⅰ类粉体不结拱；Molerus Ⅱ类粉体的开放屈服强度为常数，与预压缩应力无关；Molerus Ⅲ类粉体的开放屈服强度随预压缩应力的增加而增加，即拱的强度随预压缩应力的增加而增加。

3.4.2 Jenike 流动函数

粉体物料是不均匀的，是无限多种粒度、形状和空隙的组合体，因而我们可以用连续介质的方法进行分析研究。W. Jenike 等人提出了粉体的连续介质塑性模型，并发展了流动-不流动的判据，创建了一套科学的表示散状物料流动性能的指标，并且根据散状物料流动理论推导出一套能根据所测的这些流动性的指标设计料仓等容器的实用方法。

Jenike 定义粉体流动函数 FF 为预压缩应力 σ_0 与粉体的开放屈服强度 f_c 之比，即

$$FF = \frac{\sigma_0}{f_c} \tag{3-22}$$

Jenike 建议的粉体流动性与流动函数 FF 的关系列于表 3-6。

表 3-6 粉体流动性与流动函数 FF 的关系

粉体的流动函数 FF	FF<2	2<FF<4	4<FF<10	FF>10
团聚性	强团聚性	团聚性	轻微团聚性	不团聚
流动性	结拱	流动性差	流动性好	良好流动性

本章思考题

1. 什么是粉体的密度？请简述粉体各密度间的区别与联系。
2. 请简述库仑定律的内涵和意义。
3. 如何描述粉体的堆积性能？粉体堆积性能的影响因素有哪些？
4. 什么是粉体的流动性？描述粉体力学行为和流动状况的参数有哪些？
5. 粉体流动性的影响因素与改善方法有哪些？
6. 什么是粉体的摩擦性能？如何描述粉体的摩擦性能？
7. 按照粉体的摩擦行为，粉体可以分为哪几类？各自的特点是什么？
8. 安息角和内摩擦角都反映了粉体的内摩擦特性。请解释什么是粉体的安息角？什么是粉体的内摩擦角？安息角与内摩擦角有哪些区别？
9. 什么是粉体的开放屈服强度？按摩擦行为分类的三类粉体各自的开放屈服强度有何特点？
10. 工程实践中，内摩擦角如何测量？影响粉体内摩擦角的因素有哪些？

第 4 章 粉体力学基础理论

粉体力学主要研究再处理和加工粉体各个单元操作过程中，粉体及颗粒的力学行为和特性，是研究、开发和设计粉体加工单元的操作工艺流程、操作参数、设备优化的重要理论基础。

4.1 粉体层的应力

4.1.1 粉体的应力规定

当粉体处于弹性平衡状态时，粉体层的应力与外力平衡，粉体将保持静止状态。然而，只要其面上的剪应力达到其抗剪强度，粉体内部的滑动可以沿任何一个面发生。

研究粉体层中任一点的应力状态可运用弹性理论中常用的微元体法。

如图 4-1 所示，任意取微元体，作用在 x 面上的力 F_x 可分解为 x、y、z 方向的力 F_{xx}、F_{xy}、F_{xz}，其中第一个下标代表作用面，第二个下标代表力的方向。用 F_{xx}、F_{xy}、F_{xz} 除以 x 面的面积 A_x 得到 x 面上的法向应力 σ_x 及剪应力 τ_{xy}、τ_{xz}。同样在 y 面和 z 面上各有三个应力 σ_y、τ_{yx}、τ_{yz} 和 σ_z、τ_{zx}、τ_{zy}。这样作用在微元体上的应力张量为

$$\begin{bmatrix} \sigma_x & \tau_{xy} & \tau_{xz} \\ \tau_{yx} & \sigma_y & \tau_{yz} \\ \tau_{zx} & \tau_{zy} & \sigma_z \end{bmatrix}$$

粉体在操作单元中主要承受压缩作用，因此，对于正应力，规定压应力为正，拉应力为负；对于剪应力，规定逆时针方向为正，顺时针方向为负，粉体正应力的方向如图 4-2 所示。

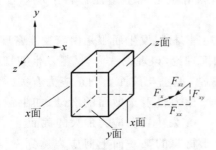

图 4-1 粉体微元体应力示意图

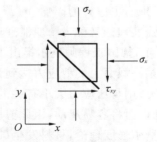

图 4-2 粉体应力规定示意图

对图 4-2 的微元体取力矩得剪应力互补定理，即

$$\tau_{xy} = -\tau_{yx} \tag{4-1}$$

$$\tau_{xz} = -\tau_{zx} \tag{4-2}$$

$$\tau_{yz} = -\tau_{zy} \tag{4-3}$$

这样粉体的应力张量变为

$$\begin{bmatrix} \sigma_x & \tau_{xy} & \tau_{xz} \\ -\tau_{xy} & \sigma_y & \tau_{yz} \\ -\tau_{xz} & -\tau_{yz} & \sigma_z \end{bmatrix}$$

粉体的应力张量矩阵是反对称的。

4.1.2 莫尔强度理论

1. 基本概念

材料在外力作用下有如下两种不同的破坏形式。

(1) 脆性破坏：在不发生显著塑性变形时的突然断裂。

(2) 塑性破坏：发生显著塑性变形而不能继续承载。

材料破坏的原因和机理十分复杂。对于单向应力状态，可直接作拉伸或压缩试验，通常将破坏载荷除以试样的横截面积得到的极限应力（强度极限或屈服极限，见材料的力学性能）作为判断材料破坏的标准。

但在二向应力状态下，材料内破坏点处的主应力σ_1、σ_2不为零；在三向应力状态的一般情况下，三个主应力σ_1、σ_2和σ_3均不为零。不为零的应力分量有无穷多个组合，不能用试验逐个确定。

为探究材料破坏的原因和机理，数百年来，人们提出了各种不同的假说和破坏理论。但这些假说都只能被某些破坏试验所证实，而不能解释所有材料的破坏现象。这些假说科学界统称为强度理论。

第一强度理论又称为最大拉应力理论，其表述是：材料发生断裂是由最大拉应力引起的，即最大拉应力达到某一极限值时材料发生断裂。

第二强度理论又称为最大拉应变理论，其表述是：材料发生断裂是由最大拉应变引起的。

第三强度理论又称为最大剪应力理论，其表述是：材料发生屈服是由最大剪应力引起的。该强度理论在机械工程中应用广泛，很好地解释了塑性材料出现塑性变形的现象，忽略了中间主应力的影响。

第四强度理论又称为畸变能理论，其表述是：材料发生屈服是由畸变能密度引起的。

1900年，德国工程师莫尔提出了莫尔强度理论，该理论认为，材料发生剪切破坏的原因主要是某一截面上的剪应力达到强度极限值，但也与该面上的正应力有关。如截面上存在压应力，则与压应力大小有关的材料内摩擦力将阻止截面的滑动；如果截面上存在拉应力，则截面将容易滑动，因此剪切破坏不一定发生在剪应力最大的截面上。

根据莫尔强度理论，材料发生破坏是由于材料的某一面上剪应力达到一定的限度，而这个剪应力与材料本身性质和正应力在破坏面上所造成的摩擦阻力有关。即材料发生破坏不仅取决于该点的剪应力，而且还与该点正应力相关。这是目前粉体力学，尤其是岩石力学中应用最广泛的理论。

粉体沿某一面上的剪应力和该面上的正应力理论可表述为三部分：一是表示材料上一点应力状态的莫尔应力圆；二是强度曲线；三是将莫尔应力圆和强度曲线联系起来，建立莫尔强度准则。

2. 莫尔应力圆

莫尔采用应力圆表示一点应力，所以该应力圆也被称为莫尔应力圆，并将其扩展到三维问题。

将粉体层内任意点的正应力和剪应力的公式整理后可得一圆的方程，该圆即为莫尔应力圆。

我们知道，粉体内部的滑动可沿任何一个面发生，只要该面上的剪应力达到其抗剪强度。

如图 4-3 所示，在微元体上取任一截面，与主应力面即水平面成 α 角，斜面上作用法向应力 σ 和剪应力 τ。现在求 σ、τ 与 σ_1、σ_3 之间的关系。

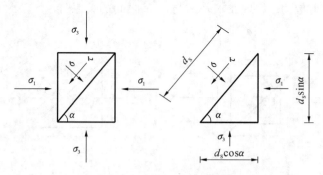

图 4-3 粉体微元体受力示意图

在弹性平衡状态下，该微元体边上的应力应平衡。设斜边长为 d_S，取厚度为 1，按平面问题计算。

根据静力平衡条件与竖向合力为零，有

$$\sum x = 0 \Rightarrow \sigma \cdot \sin\alpha \cdot d_S - \tau \cdot \cos\alpha \cdot d_S - \sigma_1 \cdot \sin\alpha \cdot d_S = 0 \quad (4-4)$$

$$\sum y = 0 \Rightarrow \sigma \cdot \cos\alpha \cdot d_S + \tau \cdot \sin\alpha \cdot d_S - \sigma_3 \cdot \cos\alpha \cdot d_S = 0 \quad (4-5)$$

联立两式，得到：

$$\sigma = \frac{\sigma_1 + \sigma_3}{2} + \frac{\sigma_1 - \sigma_3}{2}\cos 2\alpha \quad (4-6)$$

$$\tau = \frac{\sigma_1 - \sigma_3}{2}\sin 2\alpha \quad (4-7)$$

将式(4-6)和式(4-7)的平方相加，整理后得

$$\left(\sigma - \frac{\sigma_1 + \sigma_3}{2}\right)^2 + \tau^2 = \left(\frac{\sigma_1 - \sigma_3}{2}\right)^2 \quad (4-8)$$

显然，在 σ-τ 坐标平面内，粉体微元体的应力状态的轨迹是一个圆，圆心落在 σ 轴上，与坐标原点的距离为 $(\sigma_1+\sigma_3)/2$，半径为 $(\sigma_1-\sigma_3)/2$，该圆就是上述所描述的莫尔应力圆，如图 4-4 所示。莫尔应力圆圆周上的任一点，都代表着粉体微元体中相应面上的应力状态。

综上所述，在三向应力状态下，如果不考虑中间应力 σ_2 对材料破坏的影响，则一点处的最大剪应力或较大剪应力可由最大主应力和最小主应力（σ_1 和 σ_3）所画的应力圆决定。

同样的，如图 4-5 所示，在微元体上任意取斜截面，与任意面即水平面成 θ 角，斜面上

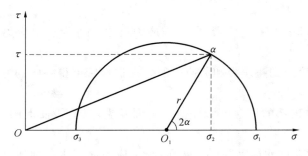

图 4-4　莫尔应力圆 1

作用法向应力 σ_θ 和剪应力 τ_θ。现在求 σ_θ、τ_θ 与 σ_x、σ_y 之间的关系。

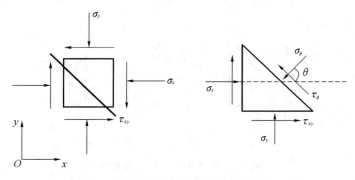

图 4-5　任意粉体微元体受力示意图

按上述方法,可得

$$\sigma = \sigma_x \cos\theta\cos\theta + \sigma_y \sin\theta\sin\theta - \tau_{xy}\sin\theta\cos\theta + \tau_{yx}\cos\theta\sin\theta \qquad (4\text{-}9)$$

$$\tau = \sigma_x \sin\theta\cos\theta - \sigma_y \sin\theta\cos\theta + \tau_{xy}\cos\theta\cos\theta + \tau_{yx}\sin\theta\sin\theta \qquad (4\text{-}10)$$

由式(4-9)和式(4-10)得

$$\sigma = \frac{\sigma_x + \sigma_y}{2} + \frac{\sigma_x - \sigma_y}{2}\cos 2\theta + \tau_{xy}\sin 2\theta \qquad (4\text{-}11)$$

$$\tau = \frac{\sigma_x - \sigma_y}{2}\sin 2\theta - \tau_{xy}\cos 2\theta \qquad (4\text{-}12)$$

将式(4-11)和式(4-12)的平方相加,整理后得

$$\left(\sigma - \frac{\sigma_x + \sigma_y}{2}\right)^2 + \tau^2 = \left(\frac{\sigma_x - \sigma_y}{2}\right)^2 + \tau_{xy}^2 \qquad (4\text{-}13)$$

式(4-11)和式(4-12)在(σ-τ)坐标系中定义了以$\left(\dfrac{\sigma_x+\sigma_y}{2},0\right)$为原点、以 $R = \sqrt{\left(\dfrac{\sigma_x-\sigma_y}{2}\right)^2+\tau_{xy}^2}$为半径的圆,如图 4-6 所示,莫尔应力圆上的点 D 在 σ-τ 坐标平面内对应的数值就是刚才所要求的粉体层的应力状态。

根据上述分析,我们可以得出莫尔应力圆和粉体层坐标轴的对应关系,如图 4-7 所示。

莫尔应力圆代表粉体层内点的应力状态。经过一点的任一截面上的应力分量 σ_θ 和 τ_θ

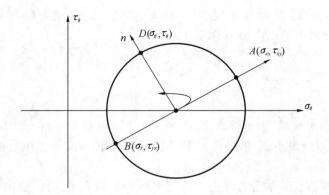

图 4-6 莫尔应力圆 2

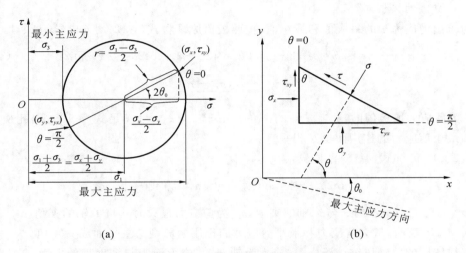

图 4-7 莫尔应力圆和粉体层坐标轴的对应关系

等于莫尔应力圆上对应点的横坐标和纵坐标。若截面法线与某一参照面的夹角为 θ，则在莫尔应力圆上以该参照面为起点，沿相同方向旋转 2θ 圆心角所到达点的横、纵坐标分别为截面上的正应力和剪应力。

两平行截面之间的夹角为 $0°$ 或 $180°$，在莫尔应力圆上为 $0°$ 或 $360°$，相互平行的截面在莫尔应力圆上为同一个点，应力状态相同。

3. 正应力的极值

为求出正应力 σ 的最大值和最小值，按照极值原理将式(4-11)对 θ 求导，并令其为 0，此时的 θ 为 θ_0。

$$\frac{d\sigma_\theta}{d\theta} = -(\sigma_x - \sigma_y)\sin2\theta + 2\tau_{xy}\cos2\theta = 0 \tag{4-14}$$

$$\tan2\theta_0 = \frac{\tau_{xy}}{(\sigma_x - \sigma_y)/2} \tag{4-15}$$

即 θ_0 为 σ 取极值时 σ 与 x 轴的夹角，$\theta_0 + \pi/2$ 也满足式(4-15)，这样就可以确定极大值和极小值的方向，显然二者互相垂直。

$\tau = 0$，此时 σ 为主应力，σ 的最大值和最小值分别称为最大主应力和最小主应力，分

别用 σ_1 和 σ_3 表示。若已知最大主应力 σ_1 和最小主应力 σ_3，则可以利用式(4-11)和式(4-12)求出任意方向上的正应力和剪应力。

$$\sigma = \frac{\sigma_1 + \sigma_3}{2} + \frac{\sigma_1 - \sigma_3}{2}\cos 2\theta \tag{4-16}$$

$$\tau = \frac{\sigma_1 - \sigma_3}{2}\sin 2\theta \tag{4-17}$$

σ_1 是正应力的最大值，纵坐标为零，即最大主平面是最大正应力作用面，该平面上无剪应力；σ_3 是正应力的最小值，纵坐标为零，即最小主平面是最小正应力作用面，该平面上无剪应力。

相互垂直的截面在莫尔应力圆上为两个相隔 180°圆心角的点，这两个点的纵坐标大小相等，符号相反，横坐标之和为 σ_1 与 σ_3 之和，即相互垂直截面上的正应力之和为常数。

4. 剪应力的极值

为求出剪应力 τ 的最大值和最小值，按照极值原理将式(4-12)对 θ 求导，并令其为 0。

$$\frac{d\tau}{d\theta} = \frac{1}{2}(\sigma_x - \sigma_y)\cos 2\theta \cdot 2 + 2\tau_{xy}\sin 2\theta = (\sigma_x - \sigma_y)\cos 2\theta + 2\tau_{xy}\sin 2\theta = 0 \tag{4-18}$$

$$\tan 2\theta = -\frac{(\sigma_x - \sigma_y)}{2\tau_{xy}} \tag{4-19}$$

其中 θ 为剪应力取极值时，σ 与 x 轴的夹角。由于 $\theta_0 + \pi/2$ 也满足式(4-19)，因此最大剪应力和最小剪应力的作用面也互相垂直。

将式(4-19)和式(4-15)做比较，得

$$\tan 2\theta_{m2} = -\cos 2\theta_{m1} = \tan\left(2\theta_{m1} \pm \frac{\pi}{2}\right) \tag{4-20}$$

其中，θ_{m2} 为剪应力最小时 σ 与 x 轴的夹角，σ_{m1} 为剪应力最大时 σ 与 x 轴的夹角。

式(4-20)表明，最大剪应力和最小剪应力的作用面分别与主平面成 $\pi/4$ 角。

在粉体层的单轴压缩试验中，主应力为轴向，主应力面为与轴垂直的平面，最大剪应力的作用面与轴成 $\pi/4$ 角，这就是通常粉体层沿 45°破坏的原因。

$$\begin{cases}\tau_{\max}\\ \tau_{\min}\end{cases} = \pm R_{\text{半径}} = \pm\sqrt{\left(\frac{\sigma_x - \sigma_y}{2}\right)^2 + \tau_{xy}^2} \tag{4-21}$$

从莫尔应力圆上可看出最大剪应力与最小剪应力绝对值均为圆的半径，在最大与最小剪应力作用面上仍有正应力存在。

5. 最危险的滑动面

1) 莫尔破坏包络线

根据莫尔强度理论，粉体层受到外力作用时，其内部将产生应力，若应力与外力相平衡，则粉体层处于相对稳定的静止状态。粉体的剪切破坏面不仅取决于剪应力的大小，还取决于正应力的大小，这一点与固体不同。因此，最危险的滑动面不是剪应力最大的平面，而是剪应力 τ 与正应力 σ 比值最大的平面，当比值大于或等于粉体的摩擦系数时，粉体将沿此面发生破坏。

当粉体层内的应力达到某极限值时，其将如同脆性材料一样突然出现破坏。材料在破坏时的应力圆称为极限应力圆，根据 σ_1 和 σ_3 的不同比值(如单轴拉伸、单轴压缩、纯剪、各种不同大小应力比的三轴压缩试验等)，可作出一系列极限应力圆，这些应力圆的公共

包络线如图 4-8 所示。

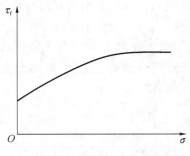

图 4-8　莫尔破坏公共包络线

这个应力的极限值与粉体贮槽、收尘装置的击打操作，球磨机等粉碎机内部的颗粒运动等粉体操作过程有着密切的关系。

在粉体层的垂直应力 σ 为某一恒定值的条件下，当某一面上的剪应力 τ 超过一个极限值时，粉体层将沿这个面产生滑动而破坏，此时的 σ、τ 值在 $\sigma\tau$ 坐标系中是一个点，改变正应力 σ，就可以得到一系列粉体层发生破坏的 τ 值，这样在 $\sigma\tau$ 平面中可以得到一条连续的曲线，这条曲线称为破坏包络线并满足 $\tau=f(\sigma)$ 的函数关系。显然，破坏包络线下方的点对应粉体处于稳定平衡的应力状态。

2）莫尔强度理论的特例——库仑定律

1776 年，法国科学家库仑同样总结出土的抗剪强度规律，此时莫尔破坏包络线为一直线。当粉体开始滑移时，若滑移面上的剪应力 τ 与正应力 σ 成正比，则得到库仑定律，符合这种关系的粉体为库仑粉体。显然，库仑定律是莫尔强度理论的特例。

3）莫尔-库仑定律

以库仑定律表示莫尔破坏包络线的理论又称为莫尔-库仑破坏定律，该理论适用于脆性材料，也适用于塑性材料。

把莫尔应力圆与库仑抗剪强度线相切时的应力状态即破坏状态称为莫尔-库仑破坏准则，它是目前判别粉体（粉体单元）所处状态的最常用或最基本的准则。

库仑粉体的临界流动条件在 (σ,τ) 坐标系中是一条直线，简称 IYF。粉体内任一点的应力状态可由莫尔应力圆表示，当粉体内任一点的莫尔应力圆在 IYF 下方（如图 4-9 中直线 a 所示）时，粉体将处于静止状态。当粉体内某一点的莫尔应力圆与 IYF 相切（如图 4-9 中直线 b 所示）时，粉体处于临界流动或流动状态，这一流动条件称为莫尔-库仑定律。根据莫尔-库仑定律，粉体内某一点的莫尔应力圆与 IYF 相割的情况（如图 4-9 中直线 c 所示）不会出现。

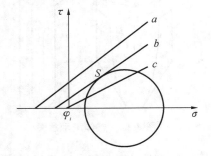

图 4-9　莫尔应力圆与库仑曲线的位置

如上所述，表示极限应力状态的莫尔应力圆（即破坏圆），与破坏包络线相切，因此破坏包络线实际上是破坏圆的包络线。破坏圆与破坏包络线的切点可表示滑动面的方向。

当粉体的 IYF 与某一点的莫尔应力圆相切时,在这一点有两个滑移面,对应于莫尔应力圆上 S 和 S' 点,如图 4-10 所示。可以看出滑移面与最大主应力面的夹角为

$$\varepsilon = 45° + \varphi_i/2 \tag{4-22}$$

综上,粉体层的破裂面并不发生在最大剪应力作用面(该面上的抗剪强度最大)上,而是在应力圆与破坏包络线切点所代表的截面上,即与最大主应力面成交角的斜面上,与最大主应力面的夹角为 $45°+\varphi_i/2$。

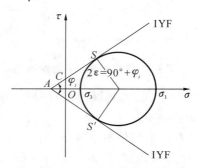

图 4-10 粉体滑移面莫尔应力圆

4.2 粉体的重力流动

4.2.1 重力流动的流型

要使粉体颗粒间相互滑移,必须克服其内摩擦力。松散物料由于自身重力克服料层内力所具有的流动性质,称为重力流动性。物料从料仓中卸出就是依靠这种流动性。

实验表明,料仓内粉体物料在重力作用下的流动基本状态有整体流(质量流)和漏斗流(中心流)两种,如图 4-11、图 4-12 所示。

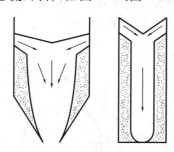

图 4-11 整体流示意图

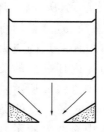

图 4-12 漏斗流示意图

当料仓内任何一部分物料运动时,整个仓内的物料同时在运动,在物料与仓壁之间也存在着相对运动。虽然在料斗收缩区的颗粒要比其他部位的颗粒流动得快些,但是它们都在运动。在卸料的过程中,仓内物料全部处于均匀下降的运动状态,这种仓流状态称为全流式流动或整体流。

若只有料仓的中心部分产生料流,而其他区域的物料停滞不动,流动的区域呈漏斗

状,流动沟道呈圆形截面,其底部截面大致相当于卸料口面积,则这种仓流状态称为穿流式流动或漏斗流。如果料仓顶部的物料不能落入中心孔而呈漏斗流卸出,则整个流动就会中止,这时就形成管状的穿孔。如果管状穿孔顶部有大块物料卡住,就出现"盲孔",使仓内出现料拱堵塞。

两种流动状态,造成两种不同的结果。整体流仓内没有死角,也不会出现盲孔,流动均匀且平稳,物料先进先出,而且能使在装料时发生粒度分离的物料重新混合。但是整体流要求仓壁陡峭,因而增加了料仓高度,同时物料沿仓壁滑动而增大了仓壁的磨损。

漏斗流虽然对仓壁磨损较小,但是它不会产生先进先出的流动,使物料粒度分离。漏斗流是局部性的流动,存在大量的死角,减少了料仓的有效容积,导致有些物料在仓内甚至停置几年,这对储存期间会发生变质的物料是不允许的。漏斗流是一种有碍生产的仓流状态,而整体流才是料仓正确设计的合理结果。

当锥体的锥角较小或粉体的流动性很好时,粉体在储存设备内的流动通常是整体流,当锥体的锥角较大或粉体的流动性较差时,粉体在储存设备中的流动常常是漏斗流。

对于仓流现象,有着不同的分析理论,主要有布朗-霍克斯雷-克瓦毕尔(Brown-Hawksley-Kvapil)的椭圆体流动理论和詹尼克的塑性体流动理论。布朗和霍克斯雷认为,料仓内的物料是按以下顺序从卸料口流出的,如图4-13所示。表面颗粒层A在B层上滑动,A层颗粒迅速滚落,向中心集中;B层则在E层上缓慢地滑动,也向中心集中;B层下面的E层颗粒则静止不动;C层颗粒迅速向下方运动,供给D层,从卸料口流出。因此,除了E层外,凡是处在大于安息角位置的颗粒均向中心集中,迅速下落至D处。D处颗粒毫无阻挡地最先流出。于是料仓卸料口附近的物料可分为五个带:D为自由降落带;C为颗粒垂直运动带;B为擦过E带向料仓中心方向缓慢滑动带;A为擦过B带向料仓中心方向迅速滑动带;E为固定不动的滞留带。

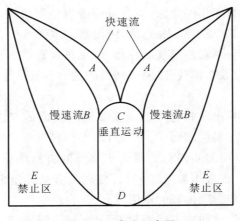

图4-13 仓流示意图

仓流形成两个流动椭圆球体,卸料时首先生成一次流动椭圆体,即B、E交界面构成的椭球体,长轴是竖直的,在该体内的颗粒群成团运动。二次流动椭球体即C本身,是个较小的椭球体,体内料流是颗粒的各自运动。在椭球体内产生竖直降落和滚动两种运动,而在椭球体边界之外,没有物料运动。一次流动椭球体的体积是二次流动椭圆体的

15倍。在一次椭球体边界以内的物料产生整体流。

以上的分析研究,对料仓设计有一定的指导意义,但尚未达到定量描述和计算。在解决实际工程问题时,要根据物料的性质,参照文献资料和实际经验数据,进行比较和估量来进行设计。

4.2.2 偏析机理与防止方法

物料在仓内的流动过程中,由于颗粒间的粒径、密度、形状等差异,物料层的组成呈现出不均匀的现象,称为偏析(分料),以粒径不同而引起的偏析较常见。

粒径偏析使得在向料仓加料时,较细颗粒堆积在落料点附近,较粗颗粒则堆积在远离落料点处,在料仓中形成"内细外粗"的粒径分布状态。对于整体流料仓,这种偏析程度可以得到缓解。对于漏斗流料仓,则偏析被加剧,在仓内料层中形成很多"蚁穴"状的空洞,引起局部崩塌,造成复杂的粒度波动和生产操作上的不稳定,导致产品质量不稳定。

粒径偏析可采取向料仓多点加料或缩小料仓内径、增加高度的"细高法"等措施来克服。

堵塞现象是由于粉粒体之间附着性架起料拱,料仓的卸料口被堵塞,是由粉粒体的物理特性及料仓结构所引起的。可从改善物料的流动性,恰当地设计料仓的形状、尺寸,以及安装能破坏料拱的振动装置等方面来克服。

1. 改善物料的流动性

散粒物料的流动性取决于物料颗粒间的内摩擦力和黏聚力的大小。这两种力随着物料所含水分的减少而减少,物料流动性随之提高。

温度也是影响物料流动性的因素之一。入仓物料的温度过高,反映在微观上是分子的运动加剧,使颗粒间的黏聚作用增强,与仓壁的吸附作用增大,物料的流动性下降。对于刚从热工设备中出来的矿渣、黏土和熟料,刚出磨的水泥和生料等,在工艺流程中应设计一个冷却过程,使热料得到自然或强制冷却,避免热料直接入仓。在料仓的结构上,应在其上部仓壁和顶部开设数个排气孔,便于物料的进一步散热。

2. 改进料仓的结构

根据詹尼克判定法,找出使料仓内的流动变为整体流的方法,减小料仓顶角和增大卸料口尺寸,都有利于防止料拱的形成。但是,加大卸料口有一定限度,它必须与卸料闸门及卸料机等相适应。壁面的倾斜角必须大于物料的自然休止角,倾斜角越大,则物料卸落越容易。多设卸料口或采用偏向卸料口,使之具有垂直壁面或非对称形壁面,可以减小该处的垂直压力,起着拆除拱脚的作用。

仓内壁应尽可能光滑,例如减小壁面的不平度,减小焊缝或接缝的突出,对壁面进行除锈、喷砂处理。如果仓壁材料与物料之间不能产生最佳滑移条件,则可采用内加衬板或仓壁涂层等方法来改善物料的流动性。

3. 安置改流体

实验证明,粉粒体在楔形料仓中的流动性较好,特别是楔端敞开而无壁板时,流动性更好。若能在圆锥形或角锥形料仓中同心安置一个形状与料仓相同的改流体,如图 4-14

所示，则改流体与原仓壁形成一个环形卸料口，相当于无穷多个极短的楔端敞开楔形料仓的组合体。改流体有圆锥形、角锥形、圆板形和圆柱形等，可根据料仓的结构选用。

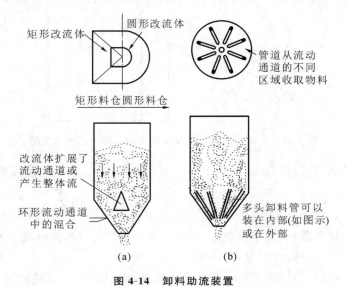

图 4-14　卸料助流装置

在有改流体的料仓内的流动形态，将由漏斗流改变为沿壁面的整体流，但改流体的这一作用也是有一定范围的。在已有料仓中加设改流体，不失为一种改变仓内物料流动性的有效措施，同时也有利于缓解偏析作用。

4. 安装振动装置

对料仓进行振动可消除结拱，并可助流。研究表明，散粒物料在振动情况下的壁摩擦系数仅为静态下的 1/10，其内部摩擦阻力也可减小，有利于整体流的形成。

消除料仓结拱，可以用重锤简单地击打料仓侧壁，或者使用装有复杂振动装置的仓底活化器，振动频率可为 14～1300 Hz，振幅可从近于零到大于 60 mm。

振动能否破坏料拱而卸料，在于物料传递振动的能力和散粒物料因振动而降低的强度。如果物料储存在一个密闭的容器内，则低频振动只会使物料更加密实；高频振动可能导致物料密实，也可能导致膨松，这与振幅及物料的性质有关。

需要指出的是，若要求对物料的流动采用振动的方法，当料仓的卸料口关闭时不能振动，因为这将使任何形式的料拱强度增加。

常用的振动方式分为两种：仓壁振动和直接振动被储存的物料。

4.2.3　粉体质量流量经验关联公式

粉体从柱体底部开口流出和从锥体流出的情况如图 4-15 所示，实验结果表明，与流体不同，粉体的质量流量 q_m 与高度 H 和直径 D 无关；与开口尺寸 D_0、粉体的堆积密度 ρ_0'、内摩擦角 φ_i、重力加速度 g 有关。不同粉体实验结果表明，质量流量可表示为

$$q_m = C\rho_0' \sqrt{g} D_0^n \tag{4-23}$$

式中：C——与内摩擦角有关的常数；

n——指数，在 2.5～3.0 之间，通常取 2.7。

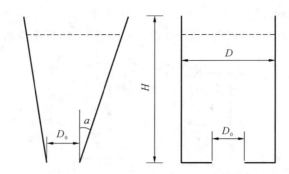

图 4-15 粉体从柱体底部开口流出和从锥体流出示意图

粉体从柱体底部开口流出或从处于中心流动的锥体流出时,质量流量常采用如下公式计算:

$$q_\mathrm{m} = C\rho_0'\sqrt{g}(D_0 - kd)^{2.5} \tag{4-24}$$

对于光滑的球形颗粒,式中常数 C 值为 0.64,对于其他粉体,C 值为 0.58。对于球形颗粒,k 值为 1.5,非球形颗粒的 k 值略高。

当颗粒尺寸达到开口尺寸的 1/6 时,由于机械堵塞的作用,上述公式不再适用,当颗粒的尺寸小于 400 μm 时,由于环境气力曳力的作用,上述公式也不适用。

粉体从处于质量流动状态的锥体流出时,质量流量为

$$q_\mathrm{m} = C\rho_0'\sqrt{g}(D_0 - kd)^{2.5} F(\alpha, \varphi_\mathrm{i}) \tag{4-25}$$

当 $\alpha < 90° - \varphi_\mathrm{i}$ 时,

$$F(\alpha, \varphi_\mathrm{i}) = (\tan\alpha \tan\varphi_\mathrm{i})^{-0.35} \tag{4-26}$$

当 $\alpha > 90° - \varphi_\mathrm{i}$ 时,

$$F(\alpha, \varphi_\mathrm{i}) = 1 \tag{4-27}$$

式中:α——锥体的半角;

φ_i——近似地取为粉体的安息角。

4.3 粉体与流体的相对运动

在分析设备的原理、设计,以及评价、改进操作设备时,必须将粉体颗粒和流体作为一个系统(两相流)来研究。由于系统中颗粒浓度的不同,系统的性质、颗粒的运动情况也不同。

流体与固体颗粒之间的相对运动可分为以下三种情况:

(1) 颗粒静止,流体对其作绕流;

(2) 流体静止,颗粒作沉降运动;

(3) 颗粒与流体都运动,但保持一定的相对运动。

关于颗粒与流体所组成的系统的运动情况,无论是颗粒在静止的流体中运动,还是流体流过静止的颗粒,或者颗粒与流体同时都在运动,二者之间相对运动的本质是相同的,都可以当作颗粒在流体中的相对运动来处理。而这种相对运动在科学研究和工业生

产中应用最广泛的是颗粒在静止流体中的沉降运动。

颗粒在流体中运动时,除了受到流体的阻力和浮力之外,还受到重力、离心力或电场力等外力的作用。按照作用在颗粒上的外力的不同,沉降运动可以分为重力场中的沉降和离心力场中的沉降。这两种沉降运动的规律完全一样,只是作用在颗粒上的外力不同而已。

按照颗粒与流体之间相对运动状态的不同,与流体在管道中的运动状态类似,必须将层流区、湍流(紊流)区和中间过渡区分来进行研究。

对于流体在管道中的运动状态,要用考虑管径的雷诺(Reynolds)数 Re 来判断,与此相对应,在判断颗粒与流体之间的相对运动状态时,则要用到考虑颗粒粒径的颗粒雷诺数 Re_p。

4.3.1 颗粒在流体中运动时受到的阻力

流体与固体颗粒之间有相对运动时,将发生动量传递。颗粒表面对流体有阻力,流体则对颗粒表面有曳力。阻力与曳力是一对作用力与反作用力。由于颗粒表面几何形状和流体绕颗粒流动的流场这两个方面的复杂性,流体与颗粒表面之间的动量传递规律远比在固体壁面上要复杂得多。

颗粒在流体中运动时,所受到的阻力可以分为两个部分,其一是由于流体与颗粒表面摩擦而产生的阻力,称为黏性阻力或表面阻力;其二,根据边界层理论,流体绕过颗粒时,在一定的条件下,在颗粒的某一点处会产生边界层分离现象,颗粒的后方会形成旋涡,从而要消耗一部分能量,这种阻力称为惯性阻力或旋涡阻力。颗粒在流体中运动时的阻力,有时以黏性阻力为主,有时以惯性阻力为主,有时二者都不能忽略。阻力的大小与颗粒的大小、形状及表面粗糙度,颗粒与流体的相对速度,流体的密度和黏度等因素有关。由实验得出的牛顿(Newton)阻力定律给出了阻力与这些因素之间的关系,可用下式表示:

$$R = C_D A \frac{u^2}{2} \rho \tag{4-28}$$

式中:R——流体作用在颗粒上的阻力,N;
　　C_D——阻力系数;
　　A——颗粒在垂直于运动方向上的投影面积,m^2;
　　u——颗粒与流体的相对速度,m/s;
　　ρ——流体的密度,kg/m^3;

对于球形颗粒,由于 $A = \frac{\pi}{4} d_p^2$,因此,有

$$R = \frac{\pi}{8} C_D d_p^2 u^2 \rho \tag{4-29}$$

式中:d_p——(球形)颗粒的粒径,m。

阻力系数 C_D 与颗粒和流体之间的相对流动状态有关,为了判断流动状态,与流体在管道中的流动相类似,定义颗粒雷诺数 Re_p 为

$$Re_p = \frac{d_p u \rho}{\mu} \tag{4-30}$$

式中:μ——流体的黏度,Pa·s。

关于阻力系数 C_D 与颗粒雷诺数 Re_p 之间的关系,学者曾经进行过许多研究,研究结果

表明,阻力系数C_D不仅与Re_p有关,而且与颗粒的形状有关。对于球形颗粒,很多学者得到的实验数据非常接近。

C_D-Re_p曲线大致上可以分为三个区域。当Re_p较小时,流体平缓、分层地绕过颗粒,流线不破坏,属于层流状态。这时颗粒受到的阻力,主要是流体与颗粒表面之间以及各层流体之间相对滑动的黏性阻力,惯性阻力可以忽略,阻力的大小与d_p、u、ρ、μ,即Re_p有关。

当Re_p增大到一定值时,在颗粒向前运动的后方,流体由于惯性而与颗粒分离,在颗粒的后部形成负压,吸入流体而产生旋涡,从而消耗一部分能量,这时颗粒所受到的阻力,除了黏性阻力之外,还有由动能损失而引起的惯性阻力,这两种阻力都不能忽略,流动属于过渡状态。

当Re_p的值很大时,颗粒后部的旋涡不断地产生、破坏而形成湍流状态,这时动能损失增大,颗粒受到的阻力主要取决于惯性阻力,黏性阻力相对较小,可以忽略,因此阻力系数C_D的值与Re_p的大小无关,趋于某一固定值。

若Re_p的值进一步增大,边界层本身也将出现湍流,属于高度湍流状态,阻力系数C_D的值进一步减小。由于这种状态在工业生产中很少遇到,故一般不予考虑。

对于上述的三个区域,可以用不同的经验公式进行近似计算。

(1) 当$Re_p < 2$时,属于层流区,有

$$C_D = \frac{24}{Re_p} \tag{4-31}$$

对于球形颗粒,由式(4-29)和式(4-30),有

$$R = 3\pi d_p u \mu \tag{4-32}$$

式(4-32)称为斯托克斯(Stokes)公式,因此,层流区又称为斯托克斯区。在这个区域内,球形颗粒所受到的阻力完全由流体的黏性阻力决定,与粒径、相对速度和流体的黏度成正比,而与流体的密度无关。

(2) 当$2 < Re_p < 500$时,属于过渡区(中间区),又叫阿伦(Allen)区,颗粒周围的流动状态处于层流与湍流之间。

$$C_D = \frac{10}{\sqrt{Re_p}} \tag{4-33}$$

对于球形颗粒,由式(4-29)和式(4-30),有

$$R = 3.93(d_p u)^{1.5} (\mu \rho)^{0.5} \tag{4-34}$$

(3) 当$500 < Re_p < 10^5$时,属于湍流区(紊流区),阻力系数C_D的变化较小,在0.4~0.5之间,通常取

$$C_D = 0.44 \tag{4-35}$$

对于球形颗粒,由式(4-29),有

$$R = 0.173 d_p^2 u^2 \rho \tag{4-36}$$

式(4-36)称为牛顿(Newton)公式力的形式,故湍流区又称为牛顿区,由式(4-36)可见,颗粒所受到的阻力,除了与粒径和相对速度的平方成正比之外,还与流体的密度成正比,而与流体的黏度无关。

值得指出的是,由大量实验得出的C_D-Re_p曲线,是一条连续曲线,以上为了研究方

便,按不同的运动状态划分为层流区、过渡区和湍流区,但不同的学者的划分范围不尽相同,在过渡区内提出的经验公式也不一样,都有不同程度的误差,因此,在使用经验公式时,要注意其适用的颗粒雷诺数Re_p的范围,最好能与实验结果进行对照。

此外,还有一些适用范围更宽的经验公式,有时也可供选用,例如:当$Re_p<800$时,

$$C_D = \frac{24}{Re_p}(1+0.15 Re_p^{0.687}) \tag{4-37}$$

总之,式(4-29)中的阻力系数C_D,可以用图4-16表示,也可以相应地用式(4-31)至式(4-37)中的某一个来计算,这样就可以求出颗粒在流体中运动时所受到的阻力R。

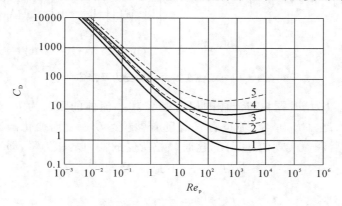

图 4-16 C_D-Re_p 曲线

4.3.2 颗粒在重力场中的自由沉降

1. 重力场中沉降末速度

颗粒在重力场中的自由沉降是指在重力的作用下,颗粒相对流体产生定向运动而实现分离的过程。沉降的快慢程度通常用沉降速度来表示。

颗粒在流体中运动时,由于受到几种外力的作用,一般都作二维或三维运动,但在工程精度的允许范围之内,有时可以简化成一维运动来处理。

另外,按照作用在颗粒上的外力的不同,沉降运动又分为重力场和离心力场中的运动这两种情况。由于离心力可以比重力大很多倍,颗粒在离心力场中的移动速度也比在重力场中大许多倍,这样不仅可以提高分级的速度,使处理量增大,而且可以对粒径很小的颗粒进行分级,因此,基于离心力场中的流体分级原理的分级机应用更加广泛。

为了研究颗粒在流体中的运动,先作如下几点假设:
(1) 颗粒为表面光滑的刚性球体;
(2) 颗粒距器壁、液面的距离以及颗粒之间的距离足够远,可以忽略器壁、液面以及颗粒之间的影响;
(3) 流体为不可压缩的牛顿流体,即速度梯度du/dy呈直线变化的理想流体;
(4) 流体分子运动的平均自由行程远小于颗粒的直径,流体可以当作连续体处理。

颗粒与流体在力场中作相对运动时,受到三个力的作用,如图4-17所示,重力F_g、浮力F_b、曳力(阻力)R。

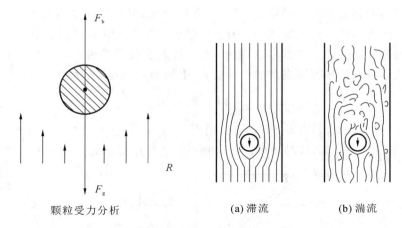

颗粒受力分析　　　　　　(a)滞流　　　　(b)湍流

图 4-17　颗粒在重力场的受力及形态

设颗粒的质量为 m，颗粒与流体的相对速度为 u，流体的阻力为 R，对于一定的颗粒和流体，重力 F_g、浮力 F_b 一定，但曳力 R 却随着颗粒运动速度而变化。当颗粒运动速度 u 等于某一数值后颗粒实现匀速运动，这时颗粒所受的各力之和为零，即

$$\sum F = F_g + F_b + R = 0 \tag{4-38}$$

$$F_g = mg = \frac{\pi}{6} d_p^3 \rho_p g \tag{4-39}$$

$$F_b = \frac{\pi}{6} d_p^3 \rho g \tag{4-40}$$

$$R = C_D A_p \frac{1}{2} \rho u^2 = C_D \frac{\pi}{4} d_p^2 \frac{1}{2} \rho u^2 \tag{4-41}$$

式中：A_p——迎流面积，$A_p = \frac{\pi}{4} d_p^2$。

可得出球形颗粒的运动方程：

$$\frac{du}{dt} = \left(\frac{\rho_p - \rho}{\rho_p}\right) g - \frac{3}{4} C_D \frac{\rho}{\rho_p} \frac{u^2}{d_p} \tag{4-42}$$

式中：ρ_p——颗粒的密度，kg/m^3；
　　　g——重力加速度，m/s^2。

使式(4-42)右边为零，即 $du/dt=0$ 时的速度就是沉降末速度，用 u_t 表示，于是有

$$u_t = \sqrt{\frac{4g(\rho_p - \rho) d_p}{3\rho C_D}} \tag{4-43}$$

式(4-43)表明，沉降末速度 u_t 与阻力系数 C_D 有关，而 C_D 是颗粒雷诺数 Re_p 的函数，本身包含相对速度 u（在这里就是待求的沉降末速度 u_t）的因子，故式(4-43)能直接应用。为了利用式(4-43)计算沉降末速度 u_t，通常用假设检验法。

将层流区、过渡区、湍流区的阻力系数的经验公式(式(4-31)、式(4-33)、式(4-35))分别代入式(4-43)，可得到各区内相应的沉降末速度的计算公式。

层流区(斯托克斯区)($Re_p < 2$)：

$$u_t = \frac{d_p^2 (\rho_p - \rho) g}{18 \mu} \tag{4-44}$$

过渡区(阿伦区)($2<Re_p<500$)

$$u_t = \left[\frac{4}{225}\frac{(\rho_p-\rho)^2 g^2}{\rho\mu}\right]^{1/3} d_p \qquad (4-45)$$

湍流区(牛顿区)($500<Re_p<10^5$)

$$u_t = \sqrt{\frac{3.03 \, d_p(\rho_p-\rho)g}{\rho}} \qquad (4-46)$$

式(4-44)就是著名的斯托克斯沉降速度公式,在工程中的应用非常广泛。

在实际应用时,可先假定沉降在某一区域内进行(因实际工程问题多发生在层流区内,故通常先假定在层流区),利用相应的公式算出 u_t,然后将 u_t 代入式(4-30)中算出 Re_p 进行检验,若 Re_p 在假定的区域内,则 u_t 即为计算结果,否则就用另一区域内的公式进行计算,再进行检验,直至与假定相符为止。

【例题 1】 试计算粒径为 100 μm、密度为 1500 kg/m³ 的球形颗粒在常温的水中作自由沉降时的沉降末速度(水在常温下的黏度为 $\mu=1\times10^{-3}$ Pa·s)。

解 先假定沉降在层流区进行,利用式(3-44),可得:

$$u_t = \frac{(100\times10^{-6})^2\times(1500-1000)\times9.81}{18\times1\times10^{-3}} \text{ m/s} = 2.73\times10^{-3} \text{ m/s}$$

再检验颗粒雷诺数

$$Re_p = \frac{100\times10^{-6}\times2.73\times10^{-3}\times1000}{1\times10^{-3}} = 0.273 < 2$$

可知沉降是在层流区进行的,与假定相符,因此沉降末速度为

$$u_t = 2.73\times10^{-3} \text{ m/s}$$

如果经检验颗粒雷诺数在过渡区内,那么除了应用过渡区的公式重新进行计算、检验之外,还应将求出的 u_t 作为试算值 u_t',相应的颗粒雷诺数 Re_p 作为试算值 Re_p',由图查出相应的修正系数 $K=u_t/u_t'$,再算出实际的沉降末速度 $u_t=Ku_t'$。

2. 重力沉降室

重力沉降室是最古老、最简易的除尘设备,主要通过重力作用使含尘气流中的尘粒沉降分离,重力沉降室的发展历程可以追溯到早期的工业生产。随着工业化的进程,人们逐渐认识到除尘对生产环境和工人健康的重要性,因此开始尝试各种各样的除尘方法,而重力沉降室则通过扩大含尘气流的流动截面积,降低气流速度,以及颗粒粒径越大,在重力作用下沉降速度越快,可以更快地到达沉降室底部(灰斗),来达到除尘的目的。

重力沉降室有单层沉降室和多层沉降室之分,其结构一般可分为水平气流沉降室和垂直气流沉降室两种。水平气流沉降室在实际运行时,常加设各种挡尘板以提高除尘效率;垂直气流沉降室则包括屋顶式沉降室、扩大烟管式沉降室以及带有锥形导流器的扩大烟管式沉降室等多种形式。

典型的水平气流重力沉降室结构如图 4-18 所示,多层重力沉降室如图 4-19 所示。

气体停留时间为

$$T = \frac{l}{u} \qquad (4-47)$$

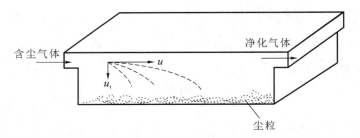

图 4-18 典型水平气流重力沉降室结构示意图

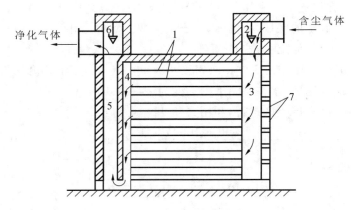

图 4-19 多层重力沉降室
1—隔板;2、6—调节阀;3—气体分配道;4—气体聚集道;5—气道;7—清灰口

颗粒沉降所需沉降时间为

$$T_t = \frac{h}{u_t} \tag{4-48}$$

式中:l——沉降室的长度,m;
h——沉降室的高度,m;
u——气体在沉降室的水平通过速度,m/s;
u_t——颗粒的沉降末速度,m/s。

沉降分离应满足的基本条件为

$$T \geqslant T_t \quad 或 \quad \frac{l}{u} \geqslant \frac{h}{u_t} \tag{4-49}$$

沉降室的生产能力为

$$V_s = bl\,u_t \tag{4-50}$$

式中:b——沉降室的宽度,m;
V_s——沉降室的生产能力(含尘气通过沉降室的体积流量),m³/s。

理论上重力沉降室的生产能力只与其沉降面积 bl 及颗粒的沉降末速度 u_t 有关,而与沉降室高度 h 无关。故沉降室应设计成扁平形,或在室内均匀设置多层水平隔板,构成多层沉降室,如图 4-19 所示。

多层沉降室生产能力为

$$V_s \leqslant (n+1)u_t \cdot lb \tag{4-51}$$

即
$$n \geqslant \frac{V_s}{bl\,u_t} - 1 \,(\text{取整}) \tag{4-52}$$

多层沉降室隔板间距为
$$h = \frac{H}{n+1} \tag{4-53}$$

这里需要注意以下几点：

(1) 沉降末速度 u_t 应按需要分离的最小颗粒计算；

(2) 气流速度 u 不应太高，以免干扰颗粒的沉降或把已经沉降下来的颗粒重新卷起。为此，应保证气体流动的雷诺数处于滞流范围之内；

(3) 沉降室结构简单，流动阻力小，但体积庞大，分离效率低，通常仅适用于分离直径大于 50 μm 的颗粒，用于过程的预除尘；

(4) 多层沉降室虽能分离细小的颗粒，并节省地面，但出灰麻烦。

为了提高重力沉降室的除尘效率，可以采取以下措施：

(1) 在室内加装垂直挡板，改变气流的运动方向，使粉尘惯性较大而撞到挡板上沉降下来；

(2) 延长粉尘的通行路程，使粉尘在重力作用下逐渐沉降；

(3) 使用多层沉降室结构，缩小沉降室的高度并增加隔板数量以提高除尘效果；

(4) 增设喷水装置等辅助设备以提高除尘效率。

4.3.3 颗粒在离心力场中的沉降

颗粒与流体一起作回转运动时，受到离心力的作用，若只考虑颗粒与流体在半径方向的相对运动，则可以当作一维运动，即颗粒在离心力场中的沉降来处理，这种处理方法比较简单，应用较广。

颗粒所受到的离心力的大小是变化的。与颗粒在重力场中的自由沉降类似，将作用在颗粒上的离心力与流体阻力平衡时的速度称为沉降末速度，这个沉降末速度也是随半径而变化的。

为了研究颗粒在离心力场中的运动，先作如下几点假设：

(1) 忽略重力的影响；

(2) 颗粒与流体的回转速度相等；

(3) 颗粒某一瞬时在半径方向的运动速度与这个瞬时颗粒所在的半径位置的沉降末速度（即颗粒在该位置所受到的离心力与流体阻力平衡时的速度）相等，即颗粒在任何瞬时都是以其所在半径位置的沉降末速度运动的，这个假设通常也称为瞬间稳态假设。

某一瞬时，颗粒在半径为 r 轨道上以角速度 ω 运动时，所受到的向外的离心力为 $mr\omega^2$；此外，颗粒还受到流体阻力 R，如图 4-20 所示。这样，颗粒在离心力场中的运动微分方程为

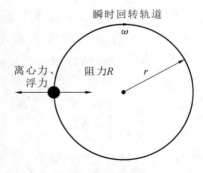

图 4-20 颗粒作回转运动时的受力

$$m \frac{d u_r}{dt} = m\left(\frac{\rho_p - \rho}{\rho_p}\right) r\omega^2 - R \tag{4-54}$$

式中：u_r——颗粒在离心力场中的沉降末速度。

对于球形颗粒，其运动方程整理后可得

$$\frac{d u_r}{dt} = \left(\frac{\rho_p - \rho}{\rho_p}\right) r\omega^2 - \frac{3}{4} C_D \frac{\rho}{\rho_p} \frac{u_r^2}{d_p} \tag{4-55}$$

颗粒在离心力场中的运动与在重力场中的自由沉降基本上是一样的，只是离心加速度 $r\omega^2$ 代替了重力加速度 g。与颗粒在重力场中的自由沉降类似，可得颗粒在离心力场中的沉降末速度为

$$u_r = \sqrt{\frac{4(\rho_p - \rho) d_p r\omega^2}{3\rho C_D}} \tag{4-56}$$

则在层流区，有

$$u_r = \frac{d_p^2 (\rho_p - \rho) r\omega^2}{18\mu} \tag{4-57}$$

4.3.4　沉降末速度的修正

在实际的工程问题中，颗粒在流体中的运动不可能满足 4.3.2 节中的假设条件，因此必须根据实际情况，对理论计算得到的沉降末速度进行相应的修正。

1. 颗粒形状的影响

颗粒在流体中运动时，所受到的黏性阻力和惯性阻力都与颗粒的形状有关，非球形颗粒的阻力大于同体积的球形颗粒，这一点从直观上就很容易理解，因此有必要对沉降末速度按颗粒的形状进行修正。由于粉体是由大量形状各异的颗粒组成的，而且表示颗粒形状的方法本身也不完善再加上颗粒粒径的表示和测定也与其形状有关，因此，在计算非球形颗粒的沉降末速度时，不用考虑颗粒的实际形状，而只用颗粒的当量直径来代替球形颗粒的直径，再加以必要的修正。

如果用等沉降速度粒径计算，即与实际的颗粒具有相同沉降末速度的球形颗粒的直径（用沉降法测得），就不需要修正；而使用其他的当量粒径时，则需要修正，当量粒径的表示方法不同，修正的方法也不同，这里仅以体积当量径为例进行说明。

瓦德尔（Wadell）用球形度 Ψ 来表示颗粒的形状，其定义如下：

$$\Psi = \frac{与颗粒等体积的球的表面积}{颗粒实际的表面积} \tag{4-58}$$

为了采用与球形颗粒同样的处理方法，运用阻力系数与颗粒雷诺数的关系曲线，将前述定义的 Re_p 和 C_D 扩充为

$$Re_p = \frac{1}{\sqrt{\Psi}} \frac{d_v u \rho}{\mu} \tag{4-59}$$

$$C_D = \frac{4}{3} \Psi \frac{d_v (\rho_p - \rho) g}{\rho u^2} \tag{4-60}$$

式中：d_v——颗粒的体积当量径。

在已知 Ψ 和 d_v 的条件下，可用假设检验法求出修正后的沉降末速度。

2. 壁效应

容器壁面或边界对沉降末速度的影响称为壁效应。在流体中沉降的颗粒,若其靠近容器壁面或有边界存在,则颗粒沉降时所受到的阻力将会变大,而沉降速度将会变小,特别是当颗粒的直径与容器的直径相比不是很小时,这种影响比较明显。另外,颗粒越靠近壁面,这种影响越大。

实验研究表明,考虑壁效应的平均沉降末速度可用下式表示:

在层流区,有

$$u_{tc} = u_t \left(1 - \frac{d_p}{D_c}\right)^{2.25} \qquad (4-61)$$

在湍流区,有

$$u_{tc} = u_t \left[1 - \left(\frac{d_p}{D_c}\right)^{1.5}\right] \qquad (4-62)$$

式中:u_{tc}——考虑壁效应后的沉降末速度,m/s;
  u_t——没有考虑壁效应时的沉降末速度,m/s;
  D_c——沉降容器的直径,m。

式(4-54)、式(4-55)是综合考虑壁效应来进行修正的,而实际上应当将壁效应当作颗粒距壁面的距离 h 的函数来处理。作为一种近似值,随 h 变化的阻力系数 C_D 可用下式计算。

当颗粒相对光滑壁面垂直移动时,有

$$C_D = \frac{24/Re_p}{9D/(16h)} \qquad (4-63)$$

当颗粒相对光滑壁面平行移动时,有

$$C_D = \frac{24/Re_p}{9D/(32h)} \qquad (4-64)$$

3. 流体分子运动的影响

当颗粒的粒径接近流体分子的平均自由行程(流体分子在两次碰撞之间的直线运动距离的统计平均值)时,流体就不能当作真连续体来处理,这时颗粒与流体之间就会产生"滑移",从而使颗粒的实际沉降速度大于用斯托克斯公式计算得出的沉降速度。例如在标准状态的空气中,若颗粒的直径小于 $1~\mu m$,就不能忽视流体分子运动的影响。

流体分子运动的影响,通常用在斯托克斯公式中引入修正系数来表示,称为克宁哈姆(Cunningham)修正系数 C_c。

$$C_c = \frac{u_{tc}}{u_t} = 1 + 2J\frac{\lambda}{d_p} \qquad (4-65)$$

式中:λ——分子运动的平均自由行程,μm;
  J——系数。

如果空气的压力降低,那么气体分子的平均自由行程就增大,C_c 的值也将增大,利用这一现象可以进行减压分级。在减压条件下,微小颗粒($1~\mu m$ 以下)的沉降速度可以明显提高,可以有效地进行分级。

4. 颗粒浓度的影响

当颗粒在流体中被充分分散时,可以忽略颗粒之间的相互影响,将颗粒群的沉降作为自由沉降,即单个颗粒的沉降来处理,比如在用液相沉降法测定粒度分布时,就采用很小的颗粒浓度并使之充分分散,从而能够运用斯托克斯公式。随着颗粒在流体中的浓度增加,颗粒之间的相互作用逐渐突出,就必须考虑颗粒之间的相互干涉作用,这时的沉降速度与自由沉降的速度不同,这种状态下的沉降称为干涉沉降。

关于颗粒浓度达到什么程度时,就必须考虑颗粒之间相互干涉的问题,由于因颗粒的性质、形状和粒度分布、分散介质的不同而差异较大,故没有明确的界限。通常认为,当颗粒的体积浓度,即颗粒的体积与颗粒、流体二相流的总体积之比为 1%~5% 时,应当将沉降作为干涉沉降来处理。

颗粒作干涉沉降时,相互之间的影响非常复杂,比如,若大、小颗粒靠得很近,则大颗粒将带着小颗粒一起沉降;大小相同的颗粒在同一垂线上沉降时,作用在上面颗粒上的阻力小于作用在下面颗粒上的阻力,这两个颗粒将逐渐靠近,产生碰撞等。

总的来说,每个颗粒的下沉,必然使等体积的流体上升,这种流体向上流动的总的效应是使沉降阻力增大,从而使沉降速度减小;但颗粒浓度较大时,颗粒的凝聚现象显著增强,若颗粒分散不充分,则容易形成颗粒群下降,从而使沉降速度增加。这两种因素的影响结果相反,至于在什么颗粒浓度范围内,哪种因素的影响起主要作用,这取决于颗粒和分散介质的种类与性能,不能一概而论,这样,问题就比较复杂,只能采用近似的处理方法。

用颗粒、流体二相流的空隙率(即流体的体积与二相流的体积之比)ε 来表示颗粒的浓度,则干涉沉降的末速度 u_{tc} 与斯托克斯区的沉降末速度 u_{ts} 之比可以表示为 ε 的函数,对于球形颗粒,由实验结果可知这种函数关系为:

Richardson 公式($Re_p < 0.2$)

$$\frac{u_{tc}}{u_{ts}} = \varepsilon^{4.65} \tag{4-66}$$

Steinour 公式

$$\frac{u_{tc}}{u_{ts}} = \varepsilon^2 / 10^{1.82(1-\varepsilon)} \tag{4-67}$$

5. 颗粒公转和自转的影响

颗粒在离心力场中的运动,是一边公转一边沿半径方向移动。颗粒在流体中运动时,通常颗粒本身还会自转,自转角速度的大小与颗粒的形状和流体的运动状况等有关。由于颗粒的自转使颗粒周围的流体产生局部的环流,颗粒还会受到马格纽斯(Magnus)力的作用,因此,在对单个颗粒求其精确解时,还要考虑颗粒自转引起的马格纽斯效应。关于这一点,可以参阅有关的文献。

4.4 颗粒在流体中的悬浮

4.4.1 粉体流态化及其特性

将粉体堆积在圆柱形容器底部的多孔分布板上,形成粉料层(床层)。当流体由下而上地通过粉料层时,由于流体速度的不同,床层将会出现三种完全不同的状态,如图 4-21

所示，颗粒的流态化特性与颗粒的属性，包括颗粒的粒径及粒度分布、两相的密度差等都有着密切的关系。

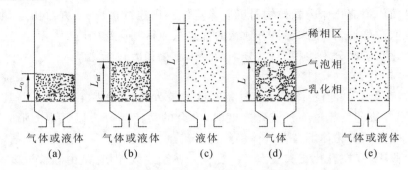

图 4-21　颗粒床层的不同状态

1. 固定床

当流体速度很小时，料层中颗粒间的相对位置不发生变化，流体只能通过颗粒间的空隙流动，这种床层称为固定床，如图 4-21(a)所示。固定床的床层高 L_0 维持不变。当流体速度增加到一定程度时，颗粒间的位置开始有所变化，但颗粒还不能自由运动，这时床层处于初始或临界流化状态，如图 4-21(b)所示，床层略有膨胀，高度为 L_{mf}。

2. 流化床

如果流体的速度进一步增加，致使全部颗粒悬浮在向上运动的流体中作随机运动，流体对颗粒的作用力恰好与颗粒的重力相平衡，这种床层称为流化床，如图 4-21(c)(d)所示。流化床与固体床相比，床层明显膨胀，其高度 L 随着流体速度的增加而升高。床层的膨胀程度可以用空隙率 ε 来表示：

$$\varepsilon = (V - V_0)/V \tag{4-68}$$

式中：V——床层的体积，m^3；

V_0——固体颗粒实际占有的体积，m^3。

流化床具有以下几个特性，如图 4-22 所示。

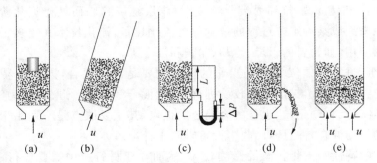

图 4-22　流化床的主要特性

(1) 密度比床层平均密度 ρ_m 小的物体可以浮在床面上，如图 4-22(a)所示；
(2) 床面保持水平，如图 4-22(b)所示；
(3) 服从流体静力学，即高差为 L 的两截面的压差 $\Delta p = \rho_m g L$，如图 4-22(c)所示；
(4) 颗粒具有与液体类似的流动性，可以从器壁的小孔喷出，如图 4-22(d)所示；

(5) 连通的流化床能自行调整床层上表面并使之在同一水平面上,如图4-22(e)所示。

上述性质使得流化床内颗粒物料可以像流体一样连续进出料,并且由于颗粒充分混合,床层温度、浓度均匀,使床层具有独特的优点从而得到广泛的应用。

这种流化状态又分为两种形式,分别为聚式流化和散式流化。

1) 聚式流化

在气-固流化床中,当粉体颗粒与气相密度差较大时,粉体颗粒通常不是均匀地分布在气体中,当气流速度超过临界流化速度时,多余的气流部分会以气泡的形式通过颗粒床层,此时,气泡外部粉体颗粒和气体仍然处于流化状态。

这一阶段中,存在乳化相和气泡相。乳化相属于连续相,它是由颗粒浓度大、间隙小的气-固均匀混合物组成的;而气泡相属于不连续相,它是由夹带少量颗粒的气泡组成的。在气泡向上运动通过颗粒床层的过程中,会不断地发生变形、合并、破裂等,使得粉体颗粒能在气流的作用下,作强制搅拌运动,且运动状态非常复杂,通常比散式流化剧烈得多。

气力均化操作过程中,所利用的流化技术属于气-固流化,通常为聚式流化。

2) 散式流化

通常气相与颗粒密度差较小时,其流化系统趋于散式流化。当颗粒床层处于散式流化时,床内无气泡产生,粉体颗粒均匀地分散于气体介质中。

当气体流速增大时,床层逐步膨胀,粉体颗粒间的间距随之增加,处于悬浮状态,虽然粉体颗粒与气体之间有着强烈的相互作用,但其运动比较平稳并有一个稳定的上界面。

3. 输送床

当流体的速度增加到某一极限值时,流化床的上界消失,颗粒随流体一起向上运动并被带走,这种床层称为稀相输送床,如图4-21(e)所示。

从上述三种流化状态可见,通过床层的气流速度是决定其流化状态的关键因素。当气流速度较大,大于粉体颗粒临界流化速度时,床层继续膨胀而处于流化阶段。利用粉料的流化现象来完成某种工艺过程的技术称为流化技术,流化技术在很多工业领域中都得到了广泛的应用,如粉料的干燥、冷却、输送和混合等。

采用流化床进行粉体气力混合操作的机理主要是对流混合,因其不易产生离析现象,加上床层空隙率较大,扩散混合较易进行,因此混合效果好。此外,动力消耗少,易于实现操作的连续化、自动化,这也是气力混合的优点,其主要缺点是不适用于粒径较大或黏性较强的物料的混合,并且需用收尘设备来防止粉尘污染。

粉体颗粒的特性对流化状态的影响较大,然而在建材行业中需要进行混合、均化操作的粉料(如水泥生料、水泥等)平均粒径很小(通常$d_{50}<20\ \mu m$),颗粒之间由静电荷、水分或黏性引起的作用力较大,比较难以流化。

4.4.2 流体通过固定床层的压降

当颗粒处于临界流化态时,床层压降适用于固定床也适用于流化床计算,即床层的

压降 Δp 等于静床压力。

流体在颗粒床层纵横交错的空隙通道中流动,流速的方向与大小时刻变化,一方面使流体在床层截面上的流速分布趋于均匀,另一方面使流体产生相当大的压降。由于通道的细微几何结构十分复杂,即使是爬流时压降的理论计算也是十分困难的,因此通常采用简化模型通过实验数据关联来分析计算。

如图 4-23 所示,把颗粒床层的不规则通道模拟为一组长为 L_e 的平行细管,其总的内表面积等于床层中颗粒的全部表面积,总的流动空间等于床层的全部空隙体积。该管组(即床层)的当量直径可表示为

$$d_{eb} = \frac{4\varepsilon}{a_b} = \frac{4\varepsilon}{a(1-\varepsilon)} \tag{4-69}$$

式中:ε——床层的空隙率;
a_b——床层的比表面积,m^2/g。

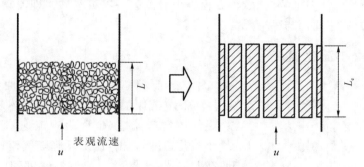

图 4-23 简化机理模型

将流体通过颗粒床层的流动简化为在长为 L_e、当量直径为 d_{eb} 的管内流动,床层的压降 Δp_b 表示为

$$\Delta p_b = \lambda \cdot \frac{L_e}{d_{eb}} \cdot \frac{\rho u_1}{2} \tag{4-70}$$

式中:u_1——流体在模拟细管内的流速,等价于流体在床层颗粒空隙间的实际(平均)流速。

u_1 与空床流速(又称表观流速)u、空隙率 ε 的关系为

$$u_1 = \frac{u}{\varepsilon} \tag{4-71}$$

工程上为了便于直观对比将流体通过颗粒床层的阻力损失表达为单位床层高度上的压降:

$$\frac{\Delta p_b}{L} = \lambda \cdot \frac{L_e}{L} \cdot \frac{1}{d_{eb}} \cdot \frac{\rho u_1^2}{2} = \left(\lambda \frac{L_e}{8L}\right) \frac{(1-\varepsilon)a}{\varepsilon^3} \cdot \rho u^2 = \lambda' \frac{(1-\varepsilon)a}{\varepsilon^3} \cdot \rho u^2 \tag{4-72}$$

式中:λ'——固定床流动摩擦系数。

定义床层雷诺数为

$$Re_b = \frac{d_{eb} u_1 \rho}{4\mu} = \frac{\rho u}{a(1-\varepsilon)\mu} \tag{4-73}$$

当 $Re_b < 2$ 时,

$$\lambda' = \frac{K}{Re_b} \tag{4-74}$$

式中：K——康尼采(Kozeny)常数，$K=5.0$。
式(4-75)称为康采尼方程：

$$\frac{\Delta p_b}{L} = 180 \frac{(1-\varepsilon)^2}{\varepsilon^3} \frac{\mu u}{\psi^2 d_v^2} \tag{4-75}$$

当 $Re_b = 0.17 \sim 420$ 时，

$$\lambda' = \frac{4.17}{Re_b} + 0.29 \tag{4-76}$$

式(4-77)称为欧根(Ergun)方程：

$$\frac{\Delta p_b}{L} = 150 \frac{(1-\varepsilon)^2}{\varepsilon^3 d_{ea}^2} \mu u + 1.75 \frac{(1-\varepsilon)}{\varepsilon^3 d_{ea}} \rho u^2 \tag{4-77}$$

当 $Re_b < 2.8 (Re_p < 10)$ 时，欧根方程等号右侧第二项可忽略。即流动为层流时，压降与流速和黏度的一次方均成正比。

当 $Re_b > 280 (Re_p > 1000)$ 时，欧根方程等号右侧第一项可忽略。即流动为湍流时，压降与流速的平方成正比而与黏度无关。

4.4.3 最小流化速度

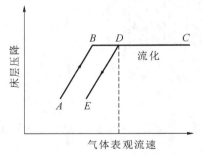

图 4-24 理想床层的流化曲线

图 4-24 所示是粉体颗粒的流化曲线，它表明了床层空隙率（或床层高度）、压降与流体表观流速的关系，在气体空床流速（也称表观流速）达到某一数值（最小流化速度）之前，床层压降随气流速度呈线性上升，在此阶段，床层阻力与流体速度间的关系符合欧根方程；当气体流速达到最小流化速度（图 4-24 中点 D）后，床层的空隙率逐渐增大，颗粒开始流化运动，床层阻力基本保持不变。

和气体通过固定床的压降 Δp 相关的参数有气体的质量流率、气体密度及黏度、床径、床层的空隙率、床层高度、颗粒直径、形状系数及其表面粗糙度等。气体通过床层与固体颗粒发生相互作用，对颗粒产生曳力，流速越大，曳力越大，流体遇到的阻力也越大。

当气体的流速达到粉体颗粒的临界流化点时，床层压降等于单位面积床层的重力，此时气体的流速为临界流化速度即最低流化速度。图 4-25 所示为床层压降与流速之间的关系，ABCDE 曲线是在不断增大流速的条件下测得的。气体流速逐渐降低，流速与压降的关系不再恢复到直线 BA，而是沿 $C'A'$ 变化。此时点 C' 所对应的流速就是颗粒的临界流化速度。

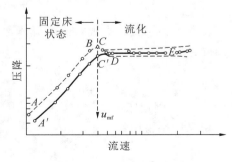

图 4-25 床层的流化曲线

当流化介质选定后，影响临界流化速度的因素只有颗粒的大小及其性质。临界流化速度除通过试验测定外，还可以通过计算的方法来获得。目前，计算颗粒临界流化速度的公式有五六十种之多，但在设计中常用的只有几种，通常在确定临界流化速度时不只选取其中一种，而是同时选取几个公式来计算，并对结果进行比较分析以确定临界流化速度。

1) 临界流化速度理论计算公式一

$$u_{mf} = 0.00923 \frac{d_s^{1.82}(\rho_s - \rho_g)^{0.94}}{\mu_g^{0.88} \rho_g^{0.06}} \tag{4-78}$$

式中：μ_g——气体黏度，Pa·s。

此计算公式仅适用于雷诺数$Re_{s,mf} < 10$的情况，其中，$Re_{s,mf} = d_s u_{mf} \rho_g / \mu_g$。

2) 临界流化速度理论计算公式二

当料层处于临界流化状态时，即可认为其处于固定床状态的终点，采用固定床阻力降的计算公式可得

$$\frac{\Delta p}{L_{mf}} = 150 \frac{(1-\alpha_{mf})^2}{\alpha_{mf}^3} \times \frac{\mu_g u_{mf}}{(\varphi_s d_s)^2} + 1.75 \frac{1-\alpha_{mf}}{\alpha_{mf}^3} \times \frac{\rho_g u_{mf}^2}{\varphi_s d_s} \tag{4-79}$$

进一步可得到计算临界流化速度的关联式，即

$$\frac{1.75}{\alpha_{mf}^3 \varphi_s} \left(\frac{d_s u_{mf} \rho_g}{\mu_g}\right)^2 + \frac{150(1-\alpha_{mf})}{\alpha_{mf}^3 \varphi_s^2} \left(\frac{d_s u_{mf} \rho_g}{\mu_g}\right) = \frac{d_s^3 \rho_g (\rho_s - \rho_g) g}{\mu_g^2} \tag{4-80}$$

式中：

$$\frac{d_s u_{mf} \rho_g}{\mu_g} = Re_{s,mf} \tag{4-81}$$

$$\frac{d_s^3 \rho_g (\rho_s - \rho_g) g}{\mu_g^2} = Ar \tag{4-82}$$

$$\frac{1.75}{\alpha_{mf}^3 \varphi_s} Re_{s,mf}^2 + \frac{150(1-\alpha_{mf})}{\alpha_{mf}^3 \varphi_s^2} Re_{s,mf} = Ar \tag{4-83}$$

式中：L_{mf}——临界流化状态时的床层高度，m；

α_{mf}——临界流化状态时的床层空隙率；

$Re_{s,mf}$——雷诺数；

Ar——阿基米德数。

对于小颗粒而言，式(4-80)可做如下简化。

当$Re_{s,mf} < 20$时，

$$u_{mf} = \frac{d_s^2 (\rho_s - \rho_g) g}{150 \mu_g} \times \frac{\alpha_{mf}^3 \varphi_s^2}{1-\alpha_{mf}} \tag{4-84}$$

对于非常大的颗粒，当$Re_{s,mf} > 1000$时，

$$u_{mf}^2 = \frac{d_s (\rho_s - \rho_g) g}{1.75 \rho_g} \alpha_{mf}^3 \varphi_s \tag{4-85}$$

Wen 和 Yu 研究发现，对于多种不同的系统均有如下近似关系：

$$\frac{1}{\varphi_s \alpha_{mf}^3} \approx 14 \tag{4-86}$$

$$\frac{1-\alpha_{mf}}{\varphi_s^2 \alpha_{mf}^3} \approx 11 \tag{4-87}$$

由此即可得到在整个 Re 范围内的关联式：

$$Re = \left[33.7^2 + 0.0408\frac{d_s^3 \rho_g(\rho_s - \rho_g)g}{\mu_g^2}\right]^{\frac{1}{2}} - 33.7 \tag{4-88}$$

对式(4-80)进行分析可以得出,等号左边第一项属于动能损失项,第二项属于黏度损失项。当雷诺数较小时,公式中黏度损失项起主导作用,此时可以忽略其动能损失项;而当雷诺数较大时,动能损失项起主要作用,可以忽略黏度损失项。此时就能推导出在整个雷诺数范围内颗粒的临界流化速度的计算公式。

当 $Re_{s,mf} < 20$ 时,

$$u_{mf} = \frac{d_s^2(\rho_s - \rho_g)g}{1650\mu} \tag{4-89}$$

当 $Re_{s,mf} > 1000$ 时,

$$u_{mf}^2 = \frac{d_s(\rho_s - \rho_g)g}{24.5\mu} \tag{4-90}$$

3) 临界流化速度理论计算公式三

$$Ar = d_s^3 \rho_g(\rho_s - \rho_g)g/\mu_g^2 \tag{4-91}$$

$$u_{mf} = \frac{(\sqrt{33.7^2 + 0.0408Ar} - 33.7)\mu_g}{d_s \rho_g} \tag{4-92}$$

该公式仅适用于 $Re_{s,mf} = 0.001 \sim 4000$ 的情况,其平均偏差为 $\pm 25\%$。

4.4.4 不正常的流化现象

对于水泥生料之类的黏性粉料,保证正常的流化比较困难,常会出现以下几种不正常的流化现象。

1. 腾涌

当流化床层的高径比过大,而且气流速度较高时,小气泡在上升途中不断长大,合并成大气泡,甚至会占据整个床截面,形成气节,有时整个床层还会被分成若干段。气泡到达床层上界面后破裂,使部分颗粒被抛至相当大的高度后分散泻落,这种现象称为腾涌。床层发生腾涌时,粉料的混合质量下降,颗粒层与器壁的摩擦阻力增大,加剧了器壁的磨损,而且压降产生较大幅度的波动,颗粒被气流大量带出,还会引起设备振动,甚至造成设备的损坏。防止产生腾涌现象的方法是选择适宜的气流速度和高径比,降低粉料的含水量以增加床层的透气性等。

2. 沟流

床层的某些局部被气流吹成许多沟道,气体仅通过这些沟道流过床层,致使大部分床层仍处于固定床状态,这种现象称为沟流。由于大量的气体未能与固体颗粒很好地接触,而直接穿过沟道形成短路,因此床层密度不均匀,有部分床层未能流化而形成死床,使气力混合操作无法进行。床层产生沟流后,其压降始终低于正常值,低得越多,说明沟流现象越严重。

产生沟流的原因是床层较薄,气体流速过低,气体分布板设计不当,开孔太少,气体初始分布不均匀等。消除沟流的方法除了针对产生的原因进行改进、处理之外,还可利用机械搅拌器或振动器来破坏稳定的沟道,以改善流化状态。

3. 结团和死床

有些粉体颗粒如水泥生料之类的黏性粉料颗粒间的作用力较大,原始颗粒在流化过程中极易形成二次颗粒或三次颗粒,产生结团现象。颗粒的粒径越小(即比表面积越大),黏性越大(与含水量和温度等有关),则颗粒的结团能力越强;颗粒的动量越大(与粒径及气流速度有关),则其结团能力越弱。当结团现象比较严重,团块增大到气流速度不能支撑时,即下落到床层底部,许多大团块松散地黏结在一起,致使床层的流化趋于停止,形成死床。气体通过死床时,会吹出若干个空洞,床层的压降就会突然消失。为了防止产生结团和死床现象,应当尽量减小颗粒之间的作用力,并选择合适的气流速度。

4.5 流化技术的应用

4.5.1 流化技术发展及现状

流化技术的发展历史可以追溯到多个时期,其发展历程充满了技术创新和工业应用的突破。我国明朝宋应星编写的《天工开物》中就有关于流化技术应用于生产生活的描述,如利用风力或水流进行物料的分离和筛选等;1556 年,德国学者 Georgius Agricola 在他的著作中描述了固体矿粒在水中的流化现象。

对流化技术的初始研究与工业应用可以追溯到 20 世纪 20 年代中期到 30 年代末,资料显示,这一时期被认为是流化研究的起源阶段。1926 年,德国的 Winkler 气化炉被认为是流化技术在较大规模工业应用中的开端,该气化炉采用气-固流化床技术,提高了粉煤与空气的接触面积和反应效率,极大地提升了设备的生产能力;1927 年,德国又研制开发出了用煤生产燃料油的气-液-固三相的流化床,进一步推动了流化技术在能源领域的应用;1937 年,Esso 公司建立了世界上第一个用于流化催化的中试装置,为流化技术的深入研究提供了实验平台,1938 年学者们开始研究流化技术的基础理论,开启了催化裂化技术的研究及应用历程。

20 世纪 40 年代初期到 60 年代中期,流化技术的研究取得了突破性进展。气固鼓泡和液固流化的基础理论与应用得到深入研究,为流化技术的进一步应用奠定了理论基础;1942 年,美国麻省理工学院和美孚石油公司联合研制出了第一代流化催化裂化装置(FCCA),取代了传统的固定床炼制石油装置,极大地推动了石油工业的发展;40 年代中后期,美国和加拿大等开始应用流化技术进行黄铁矿焙烧和石灰石的煅烧,这被视为流化燃烧技术的开始。

20 世纪 50 年代以后,流化技术逐渐成为一门新型的现代工程技术,并在多个领域得到广泛应用,包括化工、矿物资源综合利用、材料工业、生物技术以及环境工程等。在化工领域,流化技术被用于气固相催化反应、物料干燥、加热与冷却等过程;在矿物资源综合利用方面,它则用于铁矿石直接还原、有色金属氯化、氟化焙烧等工艺;在材料工业中,流化技术被应用于建筑材料、新能源产业等领域;在生物技术和环境工程中,流化技术也发挥着重要作用。

流化技术的主要应用领域如表 4-1 所示。

表 4-1 流化技术的主要应用领域

流化技术		领域
化学反应	催化反应	烃裂解与重整、乙烯氧化、氯代烷/氯硅烷合成、苯二甲酸酐合成、丙烯腈合成、费-托合成、乙酸乙烯单体合成、气体净化
	气-固反应	矿物质燃烧、矿物质气化、催化剂再生、矿物质煅烧、水泥熟料煅烧、氧化铁还原、钛铁矿氯化、UO_2 氯化
物理操作	类液行为	粉体输送、颗粒循环、表面涂层
	混合	颗粒的混合、颗粒的分离
	气-固换热	颗粒的干燥、气体的干燥、气体组分吸附分离
	床层-表面换热	流化床换热、流化床恒温浴、流化床骤冷

4.5.2 流化干燥

流化干燥是指将湿物料置于流化床中,通过气流输送使物料在床内翻滚、悬浮,形成物料颗粒与气体的混合底层,犹如液体沸腾一样,从而实现物料的快速干燥。在流化床中,颗粒分散在热气流中,上下翻动,互相混合和碰撞,气流和颗粒间具有大的接触面积,因此流化床具有较高的传热系数。

流化干燥设备主要有以下几种类型。

1) 流化床干燥器

流化床干燥器是最常见的流化干燥设备,有圆筒形、卧式多室、喷雾气流等多种类型。其中,圆筒形流化床干燥器广泛应用于各种颗粒状物料的干燥。

2) 振动流化床干燥器

在普通流化床上施加振动,利用振动促进物料的混合和流动,提高干燥效率。

3) 搅拌流化床干燥器

在流化床内装设搅拌器,使某些湿颗粒物料或易凝聚成团的物料也能进行流化干燥。

4) 离心流化床干燥器

利用离心力场进行流化干燥,强化了湿组分在物料内部的迁移过程,适用于低密度、热敏性、易黏结的固体物料的干燥。

典型流化床的干燥工作流程如图 4-26 所示,湿物料由床层的一侧加入,由另一侧导出。加热气流由下方通过多孔分布板均匀地吹入床层,经干燥过程后,由顶部导出,由旋风分离器回收其中夹带的粉尘后被排出,流化床中固体颗粒被热气流猛烈冲刷,彼此翻腾、碰撞和混合,强化了传热、传质。

与其他干燥器相比,流化床干燥器的传热、传质速率高。这是因为单位体积内的接触表面积大;颗粒间的充分搅拌混合几乎消除了表面上静止的气膜,使两相间密切接触,传质系数大大增加;由于传质速率高,气体离开床层时其温度几乎等于或略高于床层温度,因而热效率高;由于气体可迅速降温,因此与其他干燥器相比,可采用较高的气体入口温度;停留时间短,这特别有利于热敏性物料;若需较长的干燥时间,可采用多级或多

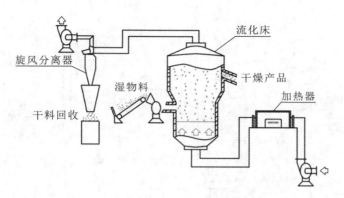

图 4-26 流化床干燥工作流程

室干燥器；设备简单，无运动部件，成本低；操作控制容易。

然而，由于适用于流化干燥的物料是有限的，因此，对要求降速阶段干燥时间长的物料，虽可采用多级或多室干燥器，但仍因"短路"和返混现象的存在，产品的质量受到影响；对于某些泥浆状的湿粉粒物料，尾气带走的粉尘损失太大。对于粒径分布太宽的物料，不可能找出适宜的气体流速，当大、小粒径比超过 8 时，就不可避免地发生沉积或气体夹带；另外，气体通过分布板及旋风分离器的压降都很大，所以动力消耗很大，操作费用高，这可能大大抵消了设备本身节约的成本。

4.5.3 流化床焚烧

20 世纪 60 年代，流化床焚烧技术开始在欧洲得到发展，研究人员对流化床焚烧的机理、过程控制、污染物排放等方面都进行了深入的研究，逐步形成了较为完善的理论体系。同时，随着制造技术的进步和材料科学的发展，流化床焚烧炉的设计和制造水平也得到了显著提升。

流化床焚烧炉的工作原理主要是利用炉内的高温床料（如石英砂）作为热载体，将经过破碎和分类等预处理步骤的垃圾投入炉中。炉内温度升高至一定水平（如 600 ℃以上），并鼓入热风使床料沸腾，垃圾与床料一起流化并进行焚烧。焚烧过程中，垃圾被迅速干燥从而起火、燃烧，最终转化为灰渣和烟气。

流化床焚烧炉主体呈圆形塔体，内部装有耐热粒状载体，并设有分配板用于分配气体，典型工艺流程如图 4-27 所示。炉内铺设一定厚度、一定粒度范围的石英砂或炉渣作为床料，气体通过多孔分布板（即分配板）以一定速度进入炉内，调整气体流速使得床层载体（如石英砂）呈现"沸腾"状态，即流化状态。在这个过程中，气-固混合强烈，传质速率高，单位面积处理能力大，具有极好的焚烧条件。

污泥或其他固体燃料从塔侧或塔顶加入流化床。在流化床层内，燃料与高温的载体（石英砂）充分接触，进行干燥、粉碎、气化等过程，并迅速燃烧。

燃烧产生的尾气从塔顶排出，其中夹带的载体粒子和灰渣通过除尘器捕集，捕集后的载体粒子可作为载气返回至流化床内继续使用，灰渣则进行后续处理。

综上，流化床焚烧炉内气-固混合强烈，传质速率高，单位面积处理能力大，具有极好的着火条件。同时，采用石英砂作为热载体，蓄热量大，燃烧稳定性好，燃烧反应温度均

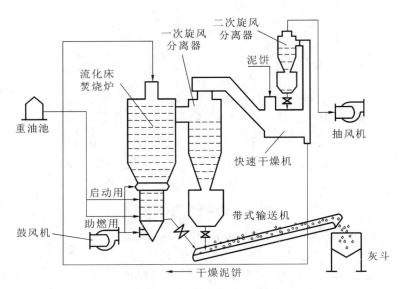

图 4-27 流化床焚烧工艺流程

匀,有效避免了局部过热。另外,流化床焚烧技术能够最大限度地回收废弃物中的能源,同时将有害物质转化为无害物质,实现资源的循环利用和环境保护。流化床焚烧炉既可以焚烧城市生活垃圾,也能焚烧污泥、纸浆废液等多种废弃物,能够处理混合垃圾。

4.5.4 流化床化学反应器

流化床化学反应器是指气体在由固体物料或催化剂构成的沸腾床层内进行化学反应的设备。在这种反应器中,气体以一定的流速通过固体颗粒层,使固体颗粒悬浮起来并像液体一样流动,从而进行化学反应。

当气体流经由固体颗粒构成的床层时,随着气体流速的增加,固体颗粒悬浮起来并呈现出流体的特性,这种状态下的固体颗粒层具有液体的某些特性,如静压力、浮力和流动性等。

根据其特性和应用场景,流化床反应器有不同的分类方法。

1. 按流体类型分类

1) 气固流化床反应器

气固流化床反应器利用气体使固体颗粒呈现像液体一样的流动状态,从而使化学反应发生,反应物混合均匀,其传热效率高,高效节能。气固流化床反应器主要适用于气相催化反应、吸附、燃烧、裂解等领域。

2) 气液固流化床反应器

气液固流化床反应器是在气固流化床反应器的基础上发展而来的,增加一个液体相以扩展其应用范围,这种反应器在气液相的协同作用下,使反应物混合更加均匀,反应产物的分离、制备也更加容易,适用于气液相催化反应、溶解、气体吸收等领域。

3) 液固流化床反应器

液固流化床反应器是以液体为流体的一种流化床反应器,其反应速率快,反应可在较低的温度和压力下进行,操作易于控制。液固流化床反应器主要适用于有机合成、生物化学、药物制备等领域。

2. 按操作方式分类

1) 固定流化床

气流中的催化剂悬浮反应,具有良好的床层等温性和较高的油选择性,反应器投资造价较低,适用于高温合成等过程。

2) 循环流化床

气流携带细粉催化剂进行上升反应,反应物在支管中受到旋风影响不断沉降分离,在催化剂反应下循环。其合成气转化率高达85%,气体中含有大量汽油馏分烃类。循环流化床在石油催化裂化等过程中有广泛应用。

3. 其他分类方法

流化床按床层的外形分为圆筒形和圆锥形;按床层中是否置有内部构件分为自由床和限制床;按反应器内层数的多少分为单层和多层;等等。

流化床反应器主体结构如图 4-28 所示,床体是反应器的主要部件,通常采用圆柱形或锥形结构,床体内部是固体颗粒物料(如催化剂或反应物)的堆积区域,也是化学反应发生的主要场所;气体分布板位于床体底部,用于均匀分配进入反应器的气体,气体分布板的设计对气固流动状态和反应效果有重要影响;加料口一般设置在床体上部或侧面,以便容易地加入并混合反应所需的催化剂或反应物;出料口通常设置在床体下部,用于收集反应后的产物或未反应的固体颗粒。

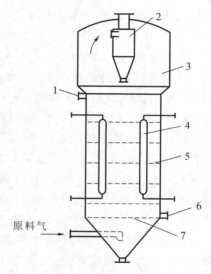

图 4-28 流化床反应器主体结构
1—加料口;2—旋风分离器;3—床体;
4—换热器;5—内部构件;6—出料口;
7—气体分布板

反应器上部设有扩大段,内装旋风分离器,旋风分离器的作用是回收被气体带走的催化剂或固体颗粒,以减少催化剂的流失并提高反应效率;中部反应段设有冷却水管和导向挡板,冷却水管用于控制反应温度,防止过热,导向挡板则用于改善气固接触条件,促进反应进行。

4.5.5 Geldart 颗粒分类

Geldart 分类法是由 D. W. Geldart 在 1973 年提出的一种用于颗粒物料分类的方法,该方法主要基于颗粒物料的粒径大小和密度进行分类,以便更好地理解和预测颗粒物料在流化床或输送过程中的行为。

1. A 类颗粒

A 类颗粒密度低,粒径较小,通常为几十微米,例如常见的细粉末状物料,这类颗粒在流化床中表现出良好的流动性和均匀性,气泡尺寸小,气-固接触效率高,适合用于气固流化床反应器和输送系统。A 类颗粒在工业应用中通常不会出现流动性不好的问题。

2. B 类颗粒

B 类颗粒尺寸较大,密度高,例如细砂。B 类颗粒在流化床中也能够良好地流动,但相对于 A 类颗粒,需要更高的气体流速才能实现流化,适用于需要一定气体流速来实现流化的场合。

3. C 类颗粒

C 类颗粒尺寸小,密度低,通常粒径小于 20 μm,如塑料颗粒或细粉涂料。由于颗粒间的吸引作用相对增强,远大于颗粒的重力,因此该类颗粒容易黏结形成团聚,也被称为黏性颗粒。这类颗粒在流化床中不容易流动,通常需要较高的气体流速才能实现流化。在静电喷涂等过程中,C 类颗粒极易相互粘黏,形成团聚,导致流化困难,易造成输送管道的堵塞。为了改善 C 类颗粒的流化性能,可以采用加入外力(如气压、振动、离心力等)或助流化剂的方法。助流化剂能够减小粉末颗粒之间的相互作用力,从而改善流化效果。

4. D 类颗粒

D 类颗粒粒径大,密度高,如金属颗粒、谷物等。这类颗粒在流化床中几乎不会流动,气泡尺寸大,气泡上升的速度小于密相气体上升的速度。由于 D 类颗粒的流动性极差,其在工业应用中的使用较为受限。

Geldart 分类法的应用有助于工程师和研究人员更好地理解和预测颗粒物料在流化床和输送系统中的行为。了解颗粒的类别和特性,可以优化工艺设计和操作条件,提高生产效率和产品品质。例如,在气固流化床反应器中,选择适合的颗粒类型可以确保反应过程的稳定性和高效性;在输送系统中,了解颗粒的流动性可以避免堵塞和磨损等问题。

需要注意的是,实际颗粒物料的分类可能并不总是严格符合 Geldart 分类法的定义。因为颗粒物料的性质可能受到多种因素的影响,如颗粒形状、表面粗糙度、湿度等,因此,在应用 Geldart 分类法时,需要结合实际情况进行综合考虑和判断。

本章思考题

1. 请简述莫尔强度理论的基本内容、适用性及其局限性。
2. 请简述莫尔-库仑定律的基本内容。
3. 某粉体微元体的内摩擦角为 30°,初抗剪强度为零,若在均布矩形载荷 p 作用下,计算得到微元体中某点最大主应力为 100 kPa,最小主应力为 30 kPa,问该点是否破坏?
4. 什么是偏析?影响偏析的因素有哪些?如何克服偏析?
5. 颗粒在流体中运动时,所受到的阻力和哪些因素有关?
6. 请简述阻力系数 C_D 与颗粒雷诺数 Re_p 之间的关系。
7. 请简述在计算沉降末速度 u_t 时,通常采用的假设检验法的基本内容。
8. 请简述重力沉降的基本特点、沉降室的工作原理及应用范围。

9. 拟采用沉降室回收常压炉气中所含的固体颗粒,沉降室底面积为 10 m²,宽和高均为 2 m,炉气处理量为 4 m³/s。操作条件下气体密度为 0.75 kg/m³,黏度为 2.6×10^{-5} Pa·s,固体密度为 3000 kg/m³。求:(1) 理论上能完全捕集下来的最小粒径;(2) 粒径为 40 μm 颗粒的回收百分率;(3) 若完全回收直径为 15 μm 的尘粒,对沉降室应作如何改进?

10. 在 ϕ150 mm 的垂直管道中气力输送粉磨产品。已知风量为 1 m³/min,空气黏度为 16×10^{-6} Pa·s,密度为 1 kg/m³;物料密度为 3000 kg/m³,其粒子为球形颗粒。试求:(1) 可被上升气流带走的颗粒直径;(2) 停留在气流中悬浮不动的颗粒直径;(3) 能够在此上升气流中沉降下来的颗粒直径。

11. 由于流体速度的不同,床层将会出现哪几种状态?各有何特点?

12. 什么是流化曲线?如何计算最小流化速度?

13. 请查阅相关文献资料,简述流化技术的发展历史及现状。

14. 请简述流化床干燥器的工作原理。与其他干燥器相比,流化床干燥器有何特点?

15. 请简述流化技术的主要应用领域。

16. 请简述 Geldart 分类法的理论依据及基本内容。

第5章　粉体的粉碎

5.1　概　述

粉体粉碎是材料加工中最常见的操作单元之一，其目的主要可以归结为以下几个方面：

（1）通过粉碎，将原料的粒度降低到所需的范围内，以满足后续工艺或应用的要求。例如，在制药、化妆品或食品工业中，特定的粒度对于产品的质量和性能至关重要。

（2）粉碎后，颗粒的尺寸变小，从而比表面积增大。这有助于提高化学反应速率或颗粒与液体、气体之间的接触效率，从而改善材料的物理或化学性能。

（3）提高混合均匀性，当粉体的粒度较小时，其在混合过程中的分布更为均匀，有利于提高混合物的整体性能。

（4）改善加工性能，对于某些材料，如塑料、橡胶等，粉碎可以降低其黏度，改善其流动性，从而使其更易于加工。

（5）在废弃物处理或资源回收过程中，粉碎可以将废弃物转化为可再利用的原料，实现资源的有效利用和环境的保护。

（6）在某些应用，如陶瓷、玻璃等材料的制造过程中，粉碎可以消除原料中的杂质和缺陷，提高产品的质量和性能。

（7）粉碎可以将大块的原料转化为小颗粒，从而便于运输、储存和使用，降低生产成本。

总之，粉体粉碎可以满足特定的工艺要求，提高产品质量，改善加工性能，充分发挥材料本身的功能特性，实现资源回收再利用以及成本降低等方面的需求，同时也为开发新型复合材料，如金属、非金属复合材料等创造条件。

机械粉碎法能够处理大量原料，适应大批量工业生产的需求，具有产量大、成本低、工艺简单、可控性强等优点，但也存在纯度与均匀性较低、能耗大、部件磨损、噪声大以及固-液分离、干燥成本高等缺点。在选择粉体粉碎方法时，需要根据具体的应用需求和条件进行权衡和选择。

5.1.1　粉碎比

用机械方法或非机械方法（电能、热能、原子能、化学能等）克服固体物料内部的内聚力而将其分裂的过程，称为粉碎过程。

在粉体制备及加工过程中，数量很大的固体原料、燃料和半成品等需要经过各种不同程度的粉碎，使其达到各工序所要求的大小，以便操作加工。根据处理物料尺寸大小的不同，可将粉碎分为破碎和粉磨两个阶段。将大块物料碎裂成小块的过程称为破碎；将小块物料碎裂为细粉的过程称为粉磨。

破碎过程要比粉磨过程经济方便,合理选择破碎设备非常重要,例如物料入磨前,尽可能将大物料破碎至均匀、细小的粒度,以减轻粉磨设备的负荷,提高磨机产量,同时也有利于物料的均匀化,提高配料的准确性。

粉碎过程通常按图 5-1 所示方法进行划分。

图 5-1 粉碎划分

物料粉碎前的粒径 D 和粉碎后的粒径 d 之比说明了粉碎过程中物料粒径的变化情况。比值 i 称为粉碎比,粉碎比是一个用于描述物料在粉碎过程中粒径变化的物理量:

$$i = D/d \tag{5-1}$$

为了简易地表示和比较各种粉碎机械的粉碎特征,可用粉碎机械的最大进料口宽度与最大出料口宽度之比作为粉碎比,称为公称粉碎比:

$$i = 进料口尺寸 / 出料口尺寸 \tag{5-2}$$

由于实际加入的物料的最大尺寸总是小于最大进料口尺寸,因此粉碎机械的平均粉碎比一般小于公称粉碎比。前者是后者的 70%~90%,这在粉碎机械选型时应特别注意。

一般破碎机的粉碎比为 3~60,磨机通常达 300~1000。对于一定性质的物料,粉碎比是确定破碎或粉磨作业以及选择机器类型、规格的主要依据。

由于破碎机的粉碎比较小,有时使用两台或多台破碎机进行破碎。连续使用几台破碎机的破碎过程,称为多级破碎。破碎机串联的台数称为破碎级数。这时原料粒径与最后破碎产品粒径之比,称为总粉碎比。在多级破碎时,如果各级的粉碎比分别为 $i_1, i_2, \cdots, i_n$,则总粉碎比为

$$i_0 = i_1 \cdot i_2 \cdots \cdot i_n \tag{5-3}$$

粉碎比是检验破碎设备性能的一个重要指标,它反映了设备对物料粒度变化的处理能力。通过监测和分析粉碎比,可以优化粉碎过程中的工艺参数,如设备转速、投料量等,以提高粉碎效率和产品质量。在制药、食品、化工等行业,产品粒度是影响其质量的关键因素之一。通过控制粉碎比,可以确保产品粒度符合规定要求,从而提高产品质量。在实际应用中,粉碎比的大小可以根据具体需求进行调整。例如,在需要获得较小粒度产品的场合,可以通过提高破碎设备的转速或增加破碎级数来提高粉碎比;而在需要保持一定粒度分布的场合,则可以通过调整投料量或改变破碎设备的结构来保持稳定的粉碎比。

5.1.2 粉碎过程分析

物料在粉碎过程中会发生一系列显著的变化,这些变化主要可以归纳为以下几个方面:

1）粒度及粒度分布

物料经粉碎后，其粒度会显著减小，同时随着粉碎过程的进行，物料的粒度分布会发生变化。初始阶段，物料以大颗粒为主，但随着粉碎过程的持续，大颗粒数量逐渐减少，小颗粒数量增多，粒度分布逐渐趋于均匀。超细粉碎过程通常会使物料粒径达到微米级（粒径 1～30 μm）、亚微米级（粒径 0.1～1 μm）或纳米级（粒径 0.001～0.1 μm）。

2）晶体结构和物理化学性质

在超细粉碎过程中，由于强烈和持久的机械力作用，粉体物料会发生晶格畸变，晶粒尺寸变小，结构变得无序化。表面会形成无定形或非晶态物质，甚至发生多晶转换。这些变化可以通过 X 射线衍射、红外光谱、核磁共振、电子顺磁共振以及差热仪等方法或设备进行检测。

3）溶解度和溶解速度

经超细磨后，物料的溶解度和溶解速度通常会增大。例如，石英、方解石、锡石等矿物在无机酸中的溶解速度和溶解度均有所增大。

4）烧结性能及离子交换容量

物料经细磨或超细磨后，其烧结性能也会发生变化。由于物料的分散度提高，固相反应变得容易，因此制品的烧结温度下降，同时制品的力学性能也有所提高。

对于部分硅酸盐矿物，特别是膨润土、高岭土等黏土矿物，经细磨或超细磨后，其阳离子交换容量会发生明显变化。这些变化与矿物中无定形结构的形成和晶体结构脱羟基及键能下降有关。

5）表面电性和介电性能

细磨或超细磨还会影响矿物的表面电性和介电性能。例如，黑云母经冲击粉碎和研磨作用后，其等电点、表面电动电位（Zeta 电位）均会发生变化。

6）反应活性

细磨可以提高物料的反应活性，如氢氧化钙等材料的水化反应活性可提高。这对于建筑材料的制备等领域具有重要意义。

7）颗粒间相互作用

在超细粉碎过程中，由于颗粒尺寸的减小和比表面积的增大，颗粒间的相互作用也会发生变化，如吸附、团聚等现象可能会更加显著。

以上变化不仅与机械力的施加方式、粉碎时间、粉碎环境，以及被粉碎物料的种类、粒度、物化性质等密切相关，而且受到设备类型、粉碎方式、粉碎环境或气氛、粉碎助剂等因素的影响。因此，在超细粉碎过程中需要综合考虑各种因素，以实现物料的高效、高质量粉碎。

总之，粉碎是一个物料颗粒不断细化的过程，随着粒度的减小，颗粒内部缺陷减少，粉碎难度随之加大，能耗急剧增加。例如，一般中等硬度的物料用气流磨粉碎到 5 μm 以下的超细粉，通常能耗均在 1000 kW·h/t 以上，有的甚至达到 3000～5000 kW·h/t。

依据不同材料，粉碎过程的能耗为材料界面能的 $10～10^5$ 倍，比界面能是指增大单位表面积所消耗的能量。粉碎是一个物料在外力作用下，形成新表面的非线性、不可逆、不连续、非平衡的过程。能量来源于颗粒内部的应力场，破碎裂缝的尖端可产生极大的应

力,其最大值可用缺口应力集中理论来估计:

$$\frac{\sigma_{\max}}{\sigma_0} = 1 + 2\sqrt{\frac{a}{\rho}} \tag{5-4}$$

式中:σ_0——正常情况下的应力;
a——裂纹的半长度;
ρ——裂纹尖端的曲率半径。

代入一般值,如 $a=1\ \mu m$,$\rho=10\ \text{Å}$,$\sigma_0=100\ \text{N/mm}^2$,得 $\sigma_{\max}=6.4\times10^3\ \text{N/mm}^2$,此值远高于材料的屈服极限。由此可见,颗粒破碎时,在裂纹尖端周围将形成一个以非弹性变形为特征的破碎区。

伊文(Irwin)和奥罗万(Orowan)早在1949年就从粉碎能量平衡的观点出发,提出随着粉碎过程的扩大,应力场能量的减少将等同于粉碎过程中颗粒增加单位表面积所需的能量。前者称为能量释放率(也称裂纹扩展推力),用 G 表示,后者称为材料抗裂性能,用 R 表示。

能量释放率为

$$G = -\frac{dU_e}{dA_e} \tag{5-5}$$

式中:U_e——应力场能量;
A_e——破碎面积。

G 取决于试样形状、破碎位置和载荷类型。

格里菲斯(Griffith)研究了一块由脆性材料制成的无限大的平板上,有长度为 $2a$ 的裂纹,向垂直于拉应力 σ 的方向扩展的情况,此时,平板内每单位厚度释放的应变能为

$$U_e = \frac{\pi a^2 \sigma^2}{E} \tag{5-6}$$

则有

$$G = \frac{dU_e}{da} = \frac{2\pi a \sigma^2}{E} \tag{5-7}$$

式中:E——材料拉伸模量。

同时,裂纹处形成自由表面,需要吸收的能量为

$$U_s = 4\mu a \tag{5-8}$$

令

$$\frac{dU_s}{da} = R \tag{5-9}$$

式中:R——材料抗裂性能;
μ——每单位面积的表面能。

格里菲斯指出,当裂纹扩展一个微小增量 da,$dU_e > dU_s$ 时,裂纹将发生失稳而扩展。由此可得裂纹扩展的临界条件是

$$\frac{dU_e}{da} = \frac{dU_s}{da} \tag{5-10}$$

代入 U_e 和 U_s 值,便得

$$\sqrt{a}\sigma = \sqrt{\frac{2E\mu}{\pi}} \tag{5-11}$$

式(5-11)表明,在临界状态下,应力与裂纹长度算数平方根的乘积即为材料的特性常数。能量释放率 G 随破碎长度的增大而增大,表达式 $G \geqslant R$ 称为局部能量平衡条件。

破碎所需的能量可以通过测定 a 和 σ 值来计算。同时也可测出破碎过程中产生的热量,得到非弹性变形的总破碎能。

某些材料的抗裂性能 R 值如下。

玻璃: $R = 1 \sim 10 \text{ J/m}^2$。

塑料: $R = 10 \sim 10^3 \text{ J/m}^2$。

金属: $R = 10^2 \sim 10^5 \text{ J/m}^2$。

上述材料的比界面能均在 $0.01 \sim 0.5 \text{ J/m}^2$ 范围内,破碎能为物料的比界面能的 $10 \sim 10^5$ 倍。

应力场中的能量与试样尺寸的三次方成正比,而破碎能与其尺寸二次方成正比。随着破碎尺寸的减小,应力场中的能量比能耗减小得更快。因此,试样有一个最小的破碎尺寸,可作如下估计。

设一截面为 A、长度为 L 的圆柱体试样,当应力为 σ_r 时开始破裂,则产生如下整体能量条件:

$$\frac{\sigma_r^2}{2E} AL \geqslant RA \tag{5-12}$$

即

$$L \geqslant \frac{2RE}{\sigma_r^2} \tag{5-13}$$

代入材料的常值,得到:对于玻璃,$L \approx 10 \sim 100 \text{ μm}$,钢 $L \approx 2 \sim 20 \text{ μm}$。超出此范围不能保证整体能量平衡条件得到满足。

在破碎过程中,裂纹以极高的速度扩展,例如玻璃的裂纹扩展速度可达 $1000 \sim 2000 \text{ m/s}$,塑料则为 $500 \sim 800 \text{ m/s}$。这一快速的物理过程可导致局部温度的骤然升高,通过绝热分析,可以估算出在破碎瞬间材料内部可能达到的最高温度。20 世纪 70 年代中期,斯柯特(Schouert)等人测定的结果是:石英为 4000 K,玻璃为 3000 K,方解石为 1200 K。高温骤变可能会引起破碎区物质结构的改变,如晶体石英、糖等的断面变成无定形结构;聚合物物质的量减小;断裂面原始状态发生变化;微裂纹和微结构消失等。同时,如果粉碎后立即进行气体吸附测定,得到的表面积要比一段时间以后的值大得多,石英、方解石大 1.6 倍,玻璃大 2.7 倍,氯化钠大 6.4 倍。

5.2 物料物理性质对粉碎过程的影响

粉体粉碎过程的影响因素很多,它们直接或间接地影响着粉碎的效率和效果。与粉碎过程有关的一些物料物理性质是:物料的晶粒结构、强度、硬度、含水量、物料的磨蚀性、物料的易碎性等。

5.2.1 物料的晶粒结构

物料颗粒是各种矿物晶粒或质点的结合体。若按理想晶体结构分类,物料颗粒以离子结构居多(硬度较大),亦有少数近似分子结构(硬度较小),极少数为原子结构(硬度最大)。实际上所有物料结晶都不是理想的,都具有不连续性和不均匀性,以及各种各样的缺陷。

某些物料有明显的解理面,解理是由分子或原子定向排列所造成的,在粉碎时物料首先沿着这些解理面分裂。有些物料则没有明显的解理面,物料沿不同方向粉碎的难易程度是近似的。物料可以有一个、两个或多个解理面。

物料还有一断裂面,是指物料粉碎时断裂的表面,它与解理面有所不同。在粉碎实践中,断裂面分为光滑、不平整、交错(锯齿)和贝壳状等。

5.2.2 物料的强度、硬度

强度一般表示物料粉碎的难易程度。粉碎机械的受力大小、机构设计、性能指标等都与物料强度密切相关。强度可分为抗压、抗弯、抗剪、抗拉强度等。粉碎时,当施加的外力超过该物料的强度极限时,物料就发生碎裂。抗压强度大于 2.5×10^8 Pa 的为坚硬物料,在 $0.4 \times 10^8 \sim 2.5 \times 10^8$ Pa 之间者为中硬物料,小于 0.4×10^8 Pa 的为软物料。物料强度越大,则动力消耗越大,产量越低。

硬度一般表示为物料对磨耗的抵抗性。严格地说,磨耗与硬度性质是不同的,其间未必有一定的关系,但硬度往往作为耐磨性的指标使用。硬度一般用莫氏(Mohs)硬度表示,共分为 10 级。各种物料的硬度可与如下一些矿物相比较来确定级别:① 滑石;② 石膏;③ 方解石;④ 萤石;⑤ 磷灰石;⑥ 正长石;⑦ 石英;⑧ 黄玉;⑨ 刚玉;⑩ 金刚石。

由于天然物料性质不均匀,对同一物料测出的强度数据往往相差很大。工业中需要粉碎的物料绝大多数呈脆性,物料在断裂之前的塑性变形很小。在实际工作中,鉴于物料硬度也在一定程度上反映物料粉碎的难易程度,因而可用物料的硬度来表示其易碎性。

5.2.3 含水量

含水量对亲水性物质的结构和物理性质的影响较大。例如,以玉米含水量为 14% 为基准,水分增加,粉碎产能相应下降。物料含水或经冷冻处理,其抗压强度一般都会降低。

5.2.4 物料的磨蚀性

物料的磨蚀性是物料对粉碎工具(颚板、冲击锤、钢球、衬板等)造成磨损的一种性质,其大小将影响粉碎工具的磨损量。判别物料磨蚀性大小的简单方法是根据物料中石英的含量来确定。

5.2.5 物料的易碎性

物料粉碎的难易程度称为易碎性。同一粉碎机械在相同的操作条件下粉碎不同的物料时，生产能力是不同的，这说明各种物料的易碎性不同。易碎性与物料的强度、硬度、脆性、密度、磨蚀性、结构均匀性、含水量、黏性、裂痕、表面情况及形状等因素有关。

由于物料的易碎性与许多因素有关，故一般用易碎系数来表示物料的易碎性。某一物料的易碎系数 K 是指采用同一台粉碎机，在同一物料尺寸变化条件下，粉碎标准物料的单位电耗 $E_b(J/t)$ 与粉碎风干状态下该种物料的单位电耗 $E(J/t)$ 之比，即

$$K = E_b/E \tag{5-14}$$

物料的易碎系数愈大，愈容易粉碎。水泥工业中，一般选用中等易碎性的回转窑水泥熟料作为标准物料，取其易碎系数为1。

已知某一种粉碎机在粉碎某一种物料时的生产能力为 Q，利用易碎系数，就可求出这台粉碎机在粉碎另一种物料时的生产能力 Q_1，即

$$Q_1/Q = K_1/K \tag{5-15}$$

为了有效预测、评价、优化和调整一个生产过程，深入理解并掌握物料的主要技术性能是至关重要的。然而，这一任务往往颇具挑战性，原因在于被粉碎的物料通常是分散的，由多种不同粒径和形状的颗粒所组成。在此过程中，输入的能量仅有一部分能够有效传递给这些颗粒，且这部分能量所占的具体比例往往难以精确测定。因此，在描述一个粉碎过程时，我们不能简单地将载荷的作用视为能量输入的唯一决定因素，而需全面考虑包括物料性质、能量传递效率在内的多种复杂因素。

对粉碎起重要作用的物料性能有两类：一类是抵御破坏的参数，另一类是表示载荷作用结果的参数。这些参数只能通过相应的测试来确定，而不能像金属材料那样由已知的弹性模量、抗拉强度、屈服极限和硬度等来推算。

物料抵抗粉碎参数有：颗粒强度、粉碎能、粉碎几率、单位面积应力、破碎组分比例、耐磨性等。载荷作用结果参数有：颗粒粒度分布、表面积增量、能量利用率等。

此外，对物料粉碎性能有重要影响的因素还有：物料种类，比如物料的产地和预处理方式等；颗粒形状、均匀程度等；载荷作用方式、强度、作用次数、冲击载荷的作用速度；等等。

5.3　颗粒强度

当构成颗粒的材料没有缺陷时，颗粒的强度称为颗粒的理想强度。由于材料没有缺陷，材料晶格间的结合均为原子间或分子间的强结合。此时，原子间或分子间作用力与它们之间的距离关系如图5-2所示。原子或分子间的引力来源于原子或分子间的化学键，原子或分子间的斥力为原子核间的斥力。引力和斥力的作用使原子或分子处于平衡状态。

原子或分子抵抗外界作用而不偏离平衡位置的能力为理想强度。

由于实际材料不可避免地存在缺陷，其颗粒的实际强度通常小于理想强度。当材料受到外界作用时，如果这种作用足以使材料中的缺陷裂纹开始失稳并扩展，那么可以认为材料的实际强度已被超越。具体来说，当外界对材料所做的功大于裂纹扩展所需克服的能量，即大于裂纹扩展以形成新表面所需的能量时，裂纹将发生扩展并最终导致材料

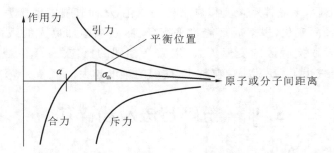

图 5-2　材料晶格原子或分子间作用力与它们之间距离的示意图

断裂。

颗粒强度定义为颗粒首次出现破碎点时的作用力除以颗粒额定截面积所得的商。这种测量值用来表示颗粒的"强度",显然它并不表示颗粒中的任何应力值。因为在实际受力过程中,颗粒的接触区面积往往远小于其用于计算强度的额定截面积,这种差异可达 10 倍甚至更大。因此,在接触区内,颗粒所能承受的实际强度会远远超过所定义的颗粒强度,这个倍数也大致在 10 倍左右。

所测得的 9 种常用颗粒材料的颗粒强度如图 5-3 所示。

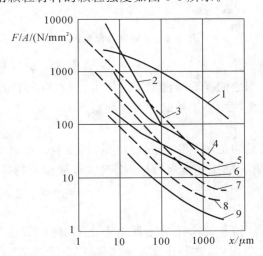

图 5-3　常用颗粒材料的颗粒强度

1—玻璃球；2—碳化硼；3—晶体硼；4—水泥熟料；5—大理石；6—原糖；7—石英；8—石灰石；9—煤

通常,几毫米以下的颗粒,其强度提升很快,这是因为:

(1) 随着粒径减小,材料内部缺陷也随之减少,小颗粒的裂纹比大颗粒少得多。根据不同的断裂准则,要使小颗粒破碎必须施加比大颗粒更高的应力。此外,颗粒中可利用的能量与其体积成正比,而破碎该颗粒所消耗的能量则与颗粒的截面积成正比。因此,随着颗粒粒径的减小,虽然每个颗粒的可利用能量按体积比例减少,但破碎所需的能量却按截面积比例相对增加,导致可利用的能量逐渐小于破碎所消耗的能量。这种能量平衡的整体标准,在较低的应力水平下往往难以满足,只有在较高的应力水平下,才能确保破碎过程有效进行。

（2）颗粒变小后，多晶体颗粒变得越来越均质化，从而其强度也显著提高。物料的抗破碎性能不随粒径而变化，根据局部能量平衡条件，必须施加更大的载荷才能使小颗粒破碎。但这也会导致接触区的变形更大，以致在相同的比应力（单位截面上的力）条件下，有效应力反而减小了。所以，颗粒越小，破碎的难度越大。

5.4 粉碎方法及粉碎功

5.4.1 粉碎方法

工业生产中所采用的粉碎方法主要依靠机械力的作用。最常用的粉碎方法如图5-4所示。

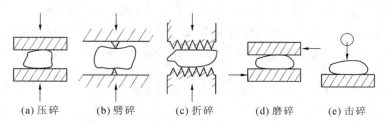

图 5-4 粉碎方法示意图

1. 压碎

物料在两个金属平面之间受到缓慢增大的压力，当物料所受的应力达到其抗压强度极限时就会破碎。这种方法主要用于破碎大块硬质物料。

2. 劈碎

物料在两个带有尖棱的金属表面之间被挤压，产生较大的裂纹，物料中便会产生拉应力，当拉应力达到物料的抗拉强度极限时，物料就被劈裂而粉碎。这种方法主要用于破碎脆性物料。

3. 折碎

物料在两个带有互相错开的凸棱的金属表面之间被挤压，物料中产生弯曲应力，当其达到物料的抗弯强度极限时，物料就被折断而粉碎。这种方法主要用于破碎硬脆性物料。

4. 磨碎

物料在两个金属平面或各种形状的研磨体之间相对移动，受到剪切力的作用，当物料的应力达到抗剪强度极限时就会被粉碎。这种方法主要用于小块物料的研磨。

5. 击碎

物料在瞬间受到外来冲击力，动能迅速转变为物料的变形能，使物料产生很大的应力集中而被粉碎。这种方法主要用于破碎脆性物料。

应根据物料的性质、粒度和粉碎比等要求来选择合适的粉碎方法。对于坚硬物料，可用压碎、折碎和劈碎；对于韧性、软性物料，可用击碎和磨碎；对于脆性物料，可用击碎、折碎；对于小块物料，可用磨碎、击碎和压碎。粉碎方法选择不当，不但会影响粉碎效果，还会增大能量消耗。

粉碎过程涉及将大块物料破碎成较小颗粒或粉末,这是一个极为复杂的过程。在一般情况下,单块的固体物料在受到外力的作用之后,将产生数量较少的大颗粒和数量很多的小颗粒,当然还有少量中间粒度的颗粒。若继续增加打击的能量,则大颗粒将变为小颗粒,从而小颗粒的数目大大增加,但其粒度不再变小。这是因为大块物料的内部总是存在或多或少的脆弱面,物料受力后,首先沿着这些脆弱面发生碎裂,而当物料的粒度变小时,这些脆弱面就会逐渐减少。物料的粒度最终会趋近于构成晶体的基本单元块的大小。当小颗粒受到外力作用时,它们往往不会碎裂,而是仅在其表面发生切削,从而形成具有一定粒径的微粒。

在理想的情况下,假如所施加的外力没有超过物料的应变极限,那么物料仅被压缩而产生弹性变形。当外力取消时,物料恢复原状而不会被粉碎。实际上,物料虽未被粉碎,却会产生若干新裂缝,或原来已有的那些小裂缝会扩展。另外,由于局部脆弱面的存在,或因颗粒形状不规则,施加的外力首先作用在颗粒表面的突出点上,导致应力集中。这些因素都会促使少量新表面的生成。

另外,根据不同的操作方式和需求,粉碎方法可以分为多种类型,如闭塞粉碎、自由粉碎、开路粉碎、循环粉碎、干法粉碎、湿法粉碎、低温粉碎和混合粉碎等,每种方法都有其特定的应用场合和优势。

5.4.2 粉碎基本理论

1. 粉碎功

单位质量或单位体积颗粒破碎时所需要的能量称为粉碎能,这里注意,粉碎能只在对单颗粒作试验时才能测得。

为区别一般的强度试验,在压力和剪力作用下,给颗粒施加使其出现破碎点的能量,使之产生更多更小的颗粒,称这一能耗为单位质量粉碎功或比粉碎功 W。

在破碎或粉磨时,应力通常并不是刚好作用于破碎点上,只有小部分颗粒受到应力的作用。所以,一台破碎装置的比能耗并不直接反映物料的粉碎能,但它们对于分析粉磨过程的能量转换仍有很好的参考价值。

粉碎过程所需要的功与许多因素有关,如物料的性质、形状、粒度大小及其分布规律、粉碎机械的类型以及操作方法等,而且这些因素在不同的情况下又有相应变化,因此,很难用一个完整的、严密的理论公式来计算粉碎过程中所消耗的功。在实际计算时,必须同时广泛应用实际的资料和数据。

迄今为止,关于粉碎的能耗,许多学者作过探讨,并提出了种种理论假说,导出了许多基本公式。粉碎能耗假说是关于粉碎过程中能耗与物料细化程度之间关系的一系列理论假设。这些假说在理解和优化粉碎过程、提高粉碎效率、降低能耗等方面具有重要意义,其中最基本而又比较有指导意义的有:① 1867 年雷廷智(P. R. Rittinger)提出的表面积假说;② 1885 年基克(Kick)提出的体积假说;③ 1952 年邦德(F. C. Bond)提出的裂缝假说。

1) 表面积假说(Rittinger 定律)

Rittinger 于 1867 年提出,单位质量颗粒的粉碎功正比于颗粒生成的表面积,即粉碎物料所消耗的能量与物料新生成的表面积成正比。

$$W = K_1 \Delta S = K_1(S_2 - S_1) \tag{5-16}$$

式中：W——单位质量颗粒的粉碎功,m^2/kg；

S_1——粉碎前颗粒的比表面积,m^2；

S_2——粉碎后颗粒的比表面积,m^2。

式(5-16)即表面积假说的普遍式,又称表面积算式。按实践经验,表面积算式较适用于粉磨作业,当粉碎成品的粒径在 0.01~1 mm 时,计算能耗较为适用。

2) 体积假说(Kick 定律)

Kick 在 1885 年提出一个理论,即单位质量颗粒的粉碎功与其变形能成正比。这意味着,在相同的技术条件下,当我们将几何形状相似的物料粉碎成形状相似的成品时,所消耗的能量与颗粒的体积或质量成正比。

$$W = C'_K d_p^3 \tag{5-17}$$

式中：d_p——粉碎后颗粒的尺寸,m；

C'_K——与物料的性质、强度等因素有关的系数,可由实验求得。

实践证明,体积假说较适用于破碎作业,当破碎成品的粒径大于 10 mm 时,计算能耗较为适用。

3) 裂缝假说(Bond 定律)

在粉碎操作过程中,由于颗粒的尺寸和形状存在不均匀性,因此单一颗粒的粉碎过程和机理相当复杂。这种复杂性既体现在表面积假说中,也体现在体积假说中。

Bond 定律指出物料粉碎所消耗的能量与物料颗粒产生的裂缝长度成正比,而裂缝长度又与物料粒径的平方根成反比。此假说认为,物料先在压力作用下变形,积累一定的变形功后,物料中某些脆弱面的内应力达到极限强度,因而产生裂缝,此时变形功集中于裂缝附近,使裂缝加大,产生断裂面。粉碎单位质量物料所消耗的功 W 为

$$W = K\left(\frac{1}{\sqrt{d}} - \frac{1}{\sqrt{D}}\right) \tag{5-18}$$

式中：K——与物料的性质、粉碎方法有关的系数,可通过实验确定；

D、d——物料粉碎前后的粒径(以物料质量的 80% 所通过的标准筛孔尺寸表示),μm。

在一定程度上,可用式(5-18)进行各种粉碎机械工作效率的比较,或用它进行同一粉碎机械在不同工作条件下工作效率的比较。比较的方法是以一个功耗指数 W_i 为基础,功耗指数相当于将单位质量物料从理论上的无穷大的尺寸粉碎到粒径为 100 μm(物料质量的 80% 所通过的标准筛孔尺寸)时所消耗的功,即

$$W_i = K\left(\frac{1}{\sqrt{100}} - \frac{1}{\sqrt{\infty}}\right) = \frac{K}{10} \tag{5-19}$$

由式(5-18)、式(5-19)可得

$$W = 10 W_i \left(\frac{1}{\sqrt{d}} - \frac{1}{\sqrt{D}}\right) \tag{5-20}$$

式中：W_i——功耗指数，J/kg。常用物料功耗指数可查阅相关技术手册。

裂缝假说适用于破碎和粉磨作业之间，即粉碎成品的粒径在 1～10 mm 之间，即在粉碎初期，由于颗粒的尺寸较大，粉碎功满足 Kick 定律，在粉碎后期，随着颗粒尺寸的减小，粉碎功满足 Rittinger 定律。也就是说，粉碎初期粉碎功正比于 d^3，而在粉碎后期正比于 d^2，而 Bond 提出的粉碎功正比于 $d^{2.5}$。

粉碎能耗假说是理解粉碎过程能耗特性的重要工具。不同的假说适用于不同的粉碎阶段和物料特性。表面积假说适用于细碎阶段，体积假说适用于粗碎和中碎阶段，而裂缝假说则适用于更广泛的粉碎范围。在实际应用中，应根据具体的粉碎过程和物料特性选择合适的假说进行能耗分析和优化。

此外，值得注意的是，粉碎过程中输入粉碎机械的能量大部分会转化为热能被吸收，而直接用于物料粉碎的能量较少。因此，在粉碎过程中应采取合理的措施降低能耗，如选择合适的粉碎机械、优化粉碎工艺参数、减少过度粉碎等。

2. 粉碎几率

粉碎几率表示在某一载荷条件下，被粉碎颗粒的比例。测试时要求准确识别已破碎的颗粒，这对具有不规则形状的颗粒来说是不容易的，而对球体颗粒则并不困难。

粉碎几率是一个相对复杂的概念，因为它不仅受到物料本身的性质影响，还受到粉碎设备的性能、操作条件以及粉碎工艺参数等多种因素的影响。

粉碎几率可以理解为在给定的条件下，物料被成功粉碎至预期粒度的可能性。这涉及物料破碎的难易程度、破碎效率以及粉碎后物料的粒度分布等多个方面。

物料硬度越大，粉碎几率越小，需要更多的能量来克服物料内部的凝聚力。物料湿度过高会降低粉碎机械的通透性，影响粉碎效率，从而降低粉碎几率。一般来说，物料湿度在 10%～20% 的范围内，粉碎效率较高。不同形状的物料对粉碎机械的负荷和破碎方式有不同的影响。例如，球形物料因为体积较大，可能会增加粉碎机械的负荷，降低粉碎几率。

不同类型的粉碎设备有不同的工作原理和性能特点，对物料的粉碎效果和粉碎几率有不同的影响。例如，刀具质量高的粉碎机械，其粉碎效率相对较高，因为刀具好能优化粉碎机械的性能，减小刀具磨损程度，从而提高粉碎几率；另外，设备内部结构是否合理、是否受到磨损等也会影响粉碎几率。

进料速度过快可能导致物料在粉碎机械内堆积，影响粉碎效率和粉碎几率；适当的粉碎时间有助于确保物料被充分粉碎，提高粉碎几率；粉碎比越大，即要求粉碎后的物料粒度越小，粉碎几率相对越小；筛孔孔径的大小决定了出料物料的粒度范围，选择合适的筛孔孔径可以提高粉碎几率。

提高粉碎几率的措施主要如下：根据物料的性质和生产要求，选择适合的粉碎设备和工艺，以提高粉碎几率；调整进料速度、粉碎时间等操作条件，使粉碎过程更加高效、稳定；确保粉碎机械的稳定性和可靠性，减少设备故障对粉碎几率的影响；采用先进的节能技术，如变频调速技术、能量回收技术等，提高粉碎效率，间接提高粉碎几率。

总之，粉碎几率是一个受多种因素影响的综合指标。要提高粉碎几率，需要综合考虑物料性质、粉碎设备、操作条件和粉碎工艺参数等多个方面，并采取相应的措施进行优化和改进。

3. 粉碎动力学

粉碎动力学是研究粉碎过程中颗粒粒度随时间变化规律的理论，它对于理解和优化粉碎过程、提高粉碎效率、降低能耗等方面具有重要意义。

粉碎动力学，也称为粉碎速度论或动态模型，根据不同的假设和模型，粉碎动力学可以分为零级粉碎动力学、一级粉碎动力学以及更复杂的二级或多级粉碎动力学等。

零级粉碎动力学假设粉碎前物料均为不合格的粗颗粒，且粉碎条件不变，其主要观点是粗颗粒随时间的延长而减少，时间与减少量成正比关系。

一级粉碎动力学假设认为，在粉碎过程中，粗颗粒的含量会随时间延长呈指数衰减，即随着粉碎的进行，原物料中的粗颗粒含量会逐渐减少，而非增加。这一假设并不直接涉及粉碎速率与原物料中粗颗粒含量之间的正比关系，而是描述了粗颗粒含量随时间变化的规律。

除了零级和一级粉碎动力学外，还有更复杂的二级或多级粉碎动力学模型。这些模型考虑了更多因素，如研磨介质表面积、物料性质等，以更准确地描述粉碎过程。

粉碎动力学的应用广泛，包括但不限于以下几个方面。

（1）优化粉碎工艺：利用粉碎动力学模型，可以预测不同条件下的粉碎效果，从而优化粉碎工艺参数，如转速、填充率等。

（2）提高粉碎效率：了解粉碎过程中颗粒粒度的变化规律，有助于采取合理的措施以提高粉碎效率，如减少过度粉碎、选择合适的粉碎机械等。

（3）降低能耗：粉碎动力学模型有助于分析粉碎过程中的能耗特性，从而采取节能措施降低能耗。

总之，粉碎动力学是研究粉碎过程中颗粒粒度随时间变化规律的重要理论工具。利用不同的粉碎动力学模型，可以较合理地描述粉碎过程，为优化粉碎工艺、提高粉碎效率、降低能耗等提供理论支持。在实际应用中，应根据具体的粉碎过程和物料特性选择合适的模型进行分析和计算。

5.5　粉碎机械的类型及用途

粉碎机械的类型多样，每种类型都有其特点和适用范围。根据处理物料粒径的不同，常用的粉碎机械可以分为破碎机械和粉磨机械两大类。

5.5.1　破碎机械

按结构和工作原理的不同，破碎机械常用的有下列几种类型，如图5-5所示。

1. 颚式破碎机

颚式破碎机如图5-5(a)所示，由于活动颚板相对固定颚板作周期性的往复运动，物料在两颚板之间被压碎。颚式破碎机工作时利用两颚板对物料的挤压和弯曲作用进行粉碎，破碎作业间歇进行，可粗碎或中碎各种硬度的物料，结构简单，工作可靠，广泛应用于采矿、建筑材料等工业部门。

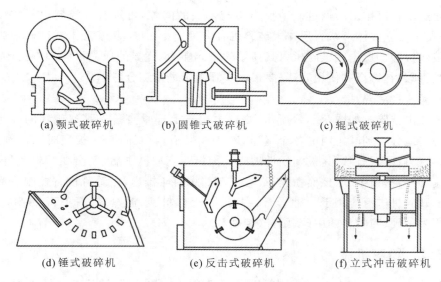

(a) 颚式破碎机　　(b) 圆锥式破碎机　　(c) 辊式破碎机

(d) 锤式破碎机　　(e) 反击式破碎机　　(f) 立式冲击破碎机

图 5-5　破碎机械类型

2. 圆锥式破碎机

圆锥式破碎机如图 5-5(b)所示,外锥体是固定的,内锥体被安装在偏心轴套中,由立轴带动,作偏心回转,物料在两锥体之间受到压力与弯曲力而被破碎。圆锥式破碎机采用连续转动的动锥进行破碎,破碎过程和卸料过程交替连续进行,生产率高。物料夹在两锥体之间受到挤压、弯曲和剪切作用,破碎后粒度均匀,产品多呈立方体形状。圆锥式破碎机适用范围广,可用于破碎各种坚硬的矿石、岩石、水泥熟料、石英石等材料,广泛应用于水泥、建材、化工、采矿和煤炭等领域。

3. 辊式破碎机

辊式破碎机如图 5-5(c)所示,物料在两个作相对旋转的辊筒之间被压碎。辊式破碎机利用辊面的摩擦力将物料咬入破碎区,使之承受挤压或劈裂作用而破碎,适用于粗碎、中碎或细碎煤炭、石灰石、水泥熟料和长石等中硬以下的物料。辊式破碎机按辊子数量分为单辊、双辊和多辊破碎机。

4. 锤式破碎机

锤式破碎机如图 5-5(d)所示,物料被快速旋转的锤头击碎,锤头自由悬挂在转盘上,并被其带动旋转。锤式破碎机利用锤头的高速冲击作用对物料进行中碎和细碎,适用于中硬以下的脆性物料,如石灰石、页岩、煤炭等。锤式破碎机粉碎比大、排料粒度均匀、过粉碎物少、能耗低,但锤头磨损较快,不适用于硬物料破碎,且不宜破碎湿度大和含黏土的物料。

5. 反击式破碎机

反击式破碎机如图 5-5(e)所示,物料被刚性固定在快速旋转的转子上的锤头打碎,并且撞击到反击板上被进一步破碎。反击式破碎机是一种利用高速旋转的转子上的锤头对物料进行冲击破碎,同时物料受到破碎腔壁的剪切和摩擦力作用的设备。物料进入破碎腔后,立即受到高速旋转的锤头的冲击,被冲击的物料与反击板发生碰撞,进行第一次破碎,物料在破碎腔内反复受到冲击、剪切和摩擦作用,直至破碎到所需粒度,破碎后的物料通过出料口排出。通过调节反击板与锤头的间隙,可以有效控制出料粒度、颗粒形状,产品多为立方体形状。反击式破碎机有多种类型,如单转子反击式破碎机、双转子反击式破碎机等。反击式破碎机以其高效的破碎能力、优异的成品形状和广泛的应用领域而备受青睐,在选择和使用时,需要根据实际需求进行综合考虑。

6. 立式冲击破碎机

立式冲击破碎机如图5-5(f)所示,物料由机器上部垂直落入高速旋转的叶轮内,被分配锥均匀地分布到叶轮内的各个通道,物料在通道内被加速,在极短时间内到达破碎腔,物料处于自由运行状态,被实质性破碎。物料在互相撞击后,又会在叶轮和机壳之间形成涡流,并多次撞击、摩擦而粉碎,最后从下部排料斗排出,由筛分设备控制成品粒度。立式冲击破碎机广泛应用于各种岩石、磨料、耐火材料、水泥熟料、石英石、铁矿石、混凝土骨料等多种硬、脆物料的中碎、细碎(制砂粒)。

5.5.2 粉磨机械

粉磨机械,也称为磨粉机械或制粉机械,由于粉碎方法不同,被处理物料的性质也差异很大。为了满足需要,按结构和工作原理的不同,粉磨机械可分为下列类型,如图5-6所示。

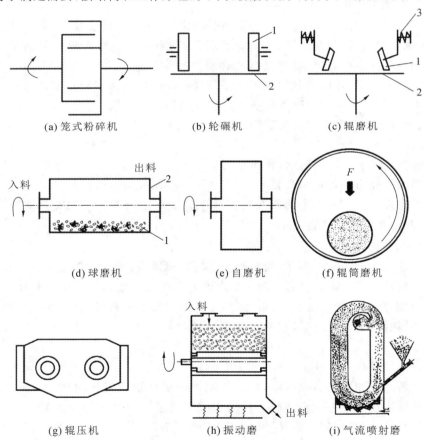

图 5-6 粉磨机械的类型

1. 笼式粉碎机

笼式粉碎机简称笼磨机,如图 5-6(a)所示。内外两组笼条作高速相向旋转,形成强烈的冲击力量。物料自内而外通过笼条时,受到笼条的撞击而粉碎。同时,物料之间也会相互撞击,以及撞击到机壳内壁上而被进一步粉碎。调整笼子的转速和钢棒的圈数,可以在一定范围内调节产品的粒度。但需要注意的是,转速过大可能会导致物料不易由中心分散到周边,反而降低生产率,并加剧钢棒的磨损。笼式粉碎机是利用快速旋转的笼子对物料进行冲击粉碎的,适用于细碎和粗磨脆性、软质物料,一般在玻璃工业中使用较多。

2. 轮碾机

轮碾机如图 5-6(b)所示,物料在旋转碾盘 2 上被滚动的圆柱形碾轮 1 压碎及磨碎。轮碾机根据用途可分为干碾机和湿碾机两种类型。干碾机主要用于物料的破碎和筛分,而湿碾机则主要用于物料的混合和搅拌。轮碾机适用于细碎和粗磨中硬、软质物料。

3. 辊磨机

辊磨机又称环辊磨、立式磨,如图 5-6(c)所示。磨辊 1 受到弹簧 3 或液压的作用紧压在旋转磨盘 2 上,辊磨机的工作原理主要基于物料在两个滚压的滚压面之间或在滚压着的研磨体(如磨辊)和一个轨道(如磨盘)之间受到压力而粉碎。物料经锁风喂料器从进料口落在磨盘中央,随着磨盘的旋转,物料在离心力作用下向磨盘边缘移动,并经过磨辊的碾压而粉碎。粉碎后的物料在磨盘边缘被风环高速气流带起,大颗粒直接落到磨盘上重新粉磨。气流中的物料经过分离器时,在旋转转子作用下,粗粉从锥斗落到磨盘重新粉磨,合格细粉随气流一起出磨,通过收尘装置收集为产品。辊磨机是一种应用广泛的烘干兼粉磨设备,其结构和工作原理独特,具有多种优点和广泛的应用领域。

4. 球磨机

球磨机如图 5-6(d)所示,球磨机的工作原理主要基于研磨介质 1 的动能和摩擦力。物料通过进料装置进入筒体 2 内。当筒体旋转时,研磨介质(钢球或陶瓷球)在离心力的作用下被抛起并沿筒体轴线方向甩出,对物料产生强烈的冲击和摩擦作用,使物料粉碎成细粉,研磨后的物料通过出料装置排出筒体。

球磨机可处理各种硬度的矿物,如矿石、煤炭等,将其粉碎至所需粒度,在水泥、玻璃等建筑材料的生产中,球磨机也扮演着重要角色。在化学工业、冶金工业等领域,球磨机也可用于各种原料的粉碎和混合。

5. 自磨机

自磨机又称无介质磨机,如图 5-6(e)所示。它基本上不用研磨体,物料在旋转筒体中被带起,然后从一定高度下落,物料相互间产生连续不断的碰撞而被击碎和磨碎。自磨机适用于细碎和粗、细磨中硬与硬质料。

6. 辊筒磨机

辊筒磨机如图 5-6(f)所示,它主要由一个支承在液压滑履上的回转筒体和一个横卧在筒体内的自由回转的压辊组成。物料在筒体和压辊之间被压碎、研碎。辊筒磨机适用于细磨软、中硬质料,亦能粉磨黏湿物料。

7. 辊压机

辊压机,又名挤压磨、辊压磨、对辊机等,是一种 20 世纪 80 年代中期发展起来的新型节能粉磨设备。

辊压机如图5-6(g)所示,其工作原理基于高压、满速、满料、料床粉碎的原理。物料通过进料装置进入辊压机,落在两辊之间。两台高压主电动机分别带动两只相向转动的磨辊,液压系统将产生的液压力传递给活动辊,使物料在两辊之间的高压区受到强烈的挤压作用从而粒度迅速减小。挤压后的物料通过辊压机下方的出口排出,进入后续工序。

资料显示,辊压机能够替代能耗高、效率低的球磨机预粉磨系统,降低钢材消耗及工作噪声,使系统产量提高30%～50%。辊压机对物料粒径的大小和均匀性要求较高,一般95%以上颗粒的粒径应小于辊径的3%,个别大块物料的粒径也不宜大于辊径的5%。同时,物料中的水分应控制在一定范围内,以避免影响挤压效果和料饼质量。辊压机适用于粗磨和细磨脆性物料。

8. 振动磨

振动磨如图5-6(h)所示,物料和研磨体在筒体中,筒体由偏心轴的旋转而发生高频率(1000～3000次/min)的振动,物料受到研磨体多次短促的作用而被击碎和磨碎。振动磨适用于细磨、超细磨硬质物料。

9. 气流喷射磨

气流喷射磨如图5-6(i)所示,物料在跑道形的管道中,被高速气流(100～180 m/s)带动,由于互相撞击以及与管道壁发生摩擦而被击碎与磨碎。气流喷射磨适用于超细磨软、中硬质物料。

5.5.3 粉碎系统

各种粉碎机械有其特定的操作条件和最有利的使用范围,如原料的性质、粒度大小、要求的粉碎比和产量等,故在设计物料粉碎系统时要考虑两方面的问题:破碎及粉磨的级数和每级中的流程。

粉碎系统可分为破碎和粉磨两个系统。

1. 破碎系统

可以有一级、二级甚至三级破碎系统。破碎系统级数主要与物料破碎前后的最大粒度之比,即粉碎比的大小有关。当选用一种破碎机就能满足粉碎比和产量要求时,则为一级破碎系统;如果需要选用两种或三种破碎机,进行分级破碎才能满足要求,则为二级或三级破碎系统。

破碎级数愈多,系统愈复杂,不仅投资增加,而且劳动生产率低,运转、维修费用高,扬尘点也多,因此要力求减少破碎级数。为了简化生产流程,目前破碎系统向一级破碎系统发展。

破碎系统中的每一级流程又有不同方式,基本上可分为预先筛分和检查筛分两种流程。凡是不带筛分或仅有预先筛分的为开路流程;凡是有检查筛分的为闭路流程。开路流程的优点是比较简单,设备少,扬尘点也较少;缺点是当要求破碎产品粒度较小时,破碎效率较低,同时产品中有时会含有少数大于合格产品的大块。闭路流程可以将大块筛去,保证产品粒度合格,破碎效率比开路流程高,但所需设备较多,流程较复杂。

2. 粉磨系统

粉磨系统作为物料处理中的重要环节，其设计和应用对于提高生产效率、降低能耗以及改善产品质量具有重要意义。

粉磨系统按粉磨流程可以分为开式粉磨系统和闭式粉磨系统。开式粉磨系统中被粉磨的物料通过磨机一次性粉磨，即可得到要求细度的合格产品。这种粉磨流程简单，设备投资较少，但可能存在过粉磨现象，影响产品质量。闭路粉磨系统也称为圈流粉磨系统，物料在磨机内经过多次循环粉磨，粗粉返回磨内再进行粉磨，直至达到要求细度。这种系统能够有效提高产品质量，但设备投资较大，流程相对复杂。

粉磨系统按产品性质可分为预粉磨系统和终粉磨系统。对于预粉磨系统，物料先经过预粉碎，然后再进入球磨机等设备进一步粉磨至要求细度。预粉磨系统的产品为半成品，用于后续加工。对于终粉磨系统，物料直接经过粉磨系统粉磨至最终产品要求的细度。终粉磨系统的产品即为成品，无须再进行后续加工。

此外，预粉磨系统还可以进一步细分为纯预粉磨系统、混合粉磨系统、联合粉磨系统、半终粉磨系统等，根据半成品的粒度特性和后续加工需求进行选择。

本章思考题

1. 粉体粉碎过程的影响因素很多，主要包括哪些因素？各因素对粉体粉碎过程有何影响？
2. 何谓粉碎比？请简述平均粉碎比和公称粉碎比的区别与联系。
3. 颚式破碎机通常用进料口的宽度×长度来表示破碎机的规格。有一台 400 mm×600 mm 的破碎机，可用于破碎高硬度的石灰石，其最大允许入料粒度是多少？当其排料口宽度为 100 mm 时，其公称粉碎比是多少？平均粉碎比是多少？
4. 物料在粉碎过程中会发生哪些显著的变化？
5. 关于粉碎的能耗有哪三大假说？请简述各假说的内容及适用范围。
6. 如何确定破碎工艺中的破碎级数？
7. 什么是粉碎几率？如何提高粉碎过程中的粉碎几率？

第 6 章　造粒（粒化）

造粒也称粒化，顾名思义就是制造颗粒。造粒是一种将粉状或细小颗粒状物料通过特定工艺处理，制成具有一定粒度、形状和流动性的颗粒状产品的过程。应该说，自从有了人类的活动就出现了造粒技术，比如石器时代制造石刀的过程中产生石粉、做面食的和面过程、制药过程中的药丸生产，等等。

从广义上讲，任何使小颗粒团聚成较大实体的过程和任何将大物块分成小颗粒的过程都可称为造粒过程。前者我们这里称为粉体的造粒，后者称为粉体的粉碎，这一章我们主要讲述粉体造粒的过程及方法。

粉体的造粒过程是用粉体或溶液作为原料，制作出大小、形状均一的颗粒的操作，也就是将小粒径的粒体（或料浆）加工成较大粒径颗粒的过程，造粒所制成的颗粒（造粒物）形状基本相似，尺寸比较均匀，其粒径根据用途的不同，约在数十微米到数十毫米之内。

造粒在不同工业领域中具有不同的名称，例如在医药工业中制作片剂的过程称为压片；在食品工业中，制造奶粉的过程称为干燥；而在建材工业中，制作生料球的过程称为成球。

在科技飞速发展的今天，粉体造粒技术作为粉粒体加工生产处理的一个重要操作单元，随着对环境保护的重视、生产过程自动化程度的提高以及生产工艺的特定要求，已成为粉体后处理技术的必然趋势。对粉状产品进行造粒的深度加工已成为很多行业生产过程中必备的生产工艺。

总之，简单来说，造粒就是在很细的粉料中加入一定量的塑化剂（如水、胶黏剂等），通过机械力或压力作用，将其制成粒径较大、流动性好的颗粒。

6.1　造粒的目的和意义

产品要求不同，粉体造粒的目的和作用也不同。通常，在生产实际中，粉体造粒的目的如下。

1) 改善产品的性能，以提高技术经济效益

粉体本身具有较差的流动性，容易产生粉尘，在生产过程中会引起漏料和堵塞现象，造成生产效率降低。造粒可大大改善物料粉体的流动性并减少散粉，提高生产效率和物料利用率。另外，造粒后的颗粒在成型过程中更容易均匀充满模具，减少空洞、边角不致密等问题，提高产品的力学强度和性能。通过调整造粒工艺参数，还可以控制颗粒的粒度分布，满足不同产品的粒度要求。

2) 防止成分偏析，有利于改善物理化学反应的条件

粉体是由许多大小不一的细小颗粒组成的多分散集合体，在粉体的生产操作过程中会伴随着粉体的偏析，而造粒所制成的颗粒（造粒物）形状基本相似，尺寸比较均匀，从而有利于防止成分偏析。

3）定量地使用多种原料，便于计量和配料

在复杂的产品生产过程中，多种原料的精确配比是满足产品特定性能和质量要求的关键因素。粉体原料由于其固有的流动性差、难以精确计量的特性，给原料的配比和计量带来了诸多挑战。而通过粉体造粒技术，不同种类的粉体原料被转化为形状规则、尺寸一致的颗粒，这极大地优化了原料的计量和配料过程。

4）便于输送和贮存

造粒可以使粉体中的孔隙和易受潮的部分减少，降低其灰分含量和饱和度，从而增加物料的储存稳定性和延长使用寿命，同时可以保持混合物的均匀度在贮存、输送和包装过程中不发生变化，有利于粉体的连续化、自动化操作的顺利进行。造粒可以显著提高粉料的流动性，便于后续的加工、运输和储存。

5）增加物料的密度

造粒可以将松散的物料压缩成形状规则、密度增加的颗粒，从而减小堆积体积和储存空间，提高物料的装运效率和经济效益。

6.2 造粒的方法

粉体造粒方法可分为两大类，一类是成型加工法，主要是将粉状物料通过特定的设备和方法，处理成满足特定形状、尺寸、成分、密度等要求的团块物料，此方法应特别注意控制单个团块的性质；另一类是粒径增大法，主要是把细粉体团聚成比较大的颗粒，这类方法应注意的是控制整体物料的性质。

粉体造粒操作的方法很多，而且随着加工对象的不同而不同。生产实际中，采用的方法有凝聚造粒法、挤压造粒法、模压造粒法、熔融造粒法和喷雾造粒法等。

6.2.1 凝聚造粒法

凝聚造粒法是在粉料中加入少量的液体黏结剂（通常用水），通过粉体颗粒间的相互凝聚力，特别是颗粒间的吸附液或毛细管液产生的颗粒间的结合力，使粉料颗粒积聚成球粒，同时通过搅拌、转动、振动或气流等手段促进粉体流动，使粉体颗粒像滚雪球一样不断地长大、密实，形成具有一定粒度和强度的颗粒。该方法主要依赖液体表面张力和黏结剂的作用。当粉体颗粒被液体湿润后，颗粒间的液体形成液桥，表面张力和黏结剂的附着力将颗粒紧密地结合在一起，形成较大的颗粒。

凝聚造粒法中，圆筒式或圆盘式造粒设备在实际的造粒生产过程中使用最为广泛，通过调整搅拌速度、转动角度、黏结剂用量等参数，可以精确控制颗粒的粒度和形状。凝聚造粒法制得的颗粒具有较高的强度和稳定性，不易破碎和变形。

凝聚造粒法在很多工业领域有着广泛的应用。例如，在化肥行业中，通过凝聚造粒法可以将尿素等粉体材料制成颗粒状肥料，提高肥效和施用效果；在颜料和染料行业中，可以将颜料和染料粉体造粒成颗粒状产品，便于计量和使用；在医药行业中，也可以采用凝聚造粒法制备颗粒状药物制剂，提高药物的稳定性和生物利用度。

6.2.2 挤压造粒法

挤压造粒法是指先将粉末或其他物料与辅料混合均匀后,加入适量的黏结剂制成软材,然后通过强制挤压的方式使软材通过具有一定大小的筛孔或模具,从而制得颗粒状产品。通常采用螺旋活塞等对润湿的粉料进行挤压,使其通过一定尺寸的多孔圆板(或网板),并按照要求的尺寸用特制的刀具切断,制得粒径大于 0.2 mm 的产品。

挤压造粒可以将原本体积较大的物料压缩成小颗粒,减小了物料的体积,便于储存和运输。同时,挤压造粒过程中可以通过调整工艺参数来控制颗粒的粒度和形状,提高生产效率。与传统的造粒方法相比,挤压造粒的能耗和生产成本更低。该方法不需要复杂的设备和高额的运行成本,适用于大规模生产。通过调整工艺参数和筛孔大小,可以精确控制颗粒的粒度和形状,确保颗粒的质量符合要求。同时,挤压造粒过程中不使用任何化学添加剂和溶剂,保证了产品的质量和安全。

挤压造粒法在制药、食品、化妆品等多个领域有着广泛的应用。在制药行业中,挤压造粒可用于制备口服药物、缓释制剂等;在食品行业中,可用于制备营养补充剂、调味品等颗粒状产品。

6.2.3 模压造粒法

模压造粒法是指将粉体或颗粒状物料放入特定模具内,通过外部设备(如压力机)对模具施加压力,使模具内的物料在压力作用下被压缩成型。此过程中,可以根据需要调整压力大小和保压时间,以控制颗粒的密度和形状,从而制得具有一定形状和大小的颗粒状产品。

模压造粒法通过模具对物料进行成型,可以精确控制颗粒的形状和大小,提高产品的成型精度。该方法可以一次性生产多个颗粒,且生产过程自动化程度高,可以显著提高生产效率。

在制药工业中很早就利用这种"压片造粒"的方法制造片状、颗粒状药品,在食品等工业中也经常采用这一方法。

6.2.4 熔融造粒法

熔融造粒法是指将固态原料加热至熔点以上,使其熔化成液态,此过程中需要控制加热温度和时间,以确保原料完全熔融且不过度分解。然后将熔融的原料通过喷雾装置喷射到冷却介质(如空气、水等)中,使其快速冷却和凝固,形成固态颗粒。喷雾过程中可以根据需要调整喷雾量、喷雾速度和冷却介质的温度等参数,以控制颗粒的粒度和形状。

熔融造粒法是一种高效、成本低、适用范围广的造粒方法,在很多工业领域具有重要的应用价值。熔融造粒法可以用于制备药物的颗粒剂型,提高药物的可溶性和稳定性,改善药物的口感和吞咽性能;可以用于制备化工原料的颗粒剂型,控制粒径和颗粒形状,提高可流动性和混合性;在无机材料和有机材料的加工制备中,熔融造粒法可以用于调控材料的晶形和粒径,提高材料的分散性和稳定性。

6.2.5 喷雾造粒法

喷雾造粒法是一种利用喷雾器将液态或浆状物料喷入热气流中,通过雾滴的迅速干燥和固化,形成固体颗粒的制粒方法。

喷雾造粒过程中,通过调节喷出液滴的大小和干燥条件(如气流速度、温度等),可以精确控制颗粒的粒径,并且制得的颗粒粒径分布范围较窄,这对于许多需要精确控制粒径的应用领域尤为重要。由于雾滴的比表面积大,与热空气的接触面积大,因此水分蒸发速度快,干燥效率高。这不仅可以缩短生产周期,还能减少物料在干燥过程中因长时间受热而可能发生的降解或变质。喷雾造粒过程中,原料直接以液态或浆状形式进行喷雾,无须添加其他辅助物质,可以避免杂质混入,保证产品的纯度。

喷雾造粒过程中,由于表面张力的作用,喷出的液滴在干燥过程中会形成球形颗粒,这种形状的颗粒具有良好的流动性、可压性和溶解性,有利于后续的加工和使用。喷雾造粒设备相对简单,操作方便,可以根据不同的原料和产品要求调整工艺参数,实现连续化、自动化生产。另外,喷雾造粒过程中,物料在液态或浆状状态下进行喷雾,并在干燥室内完成干燥和颗粒化过程,避免了传统制粒方法中可能产生的粉尘污染问题,有利于保护生产环境和工人健康。

喷雾造粒法适用于多种原料的制粒,包括溶液、乳浊液、悬浮液等,且能够处理黏度较大或含有固体颗粒的物料,具有广泛的适用性。

6.3 造粒的实现

6.3.1 造粒的水分

在造粒过程中,水分的控制是一个至关重要的环节,它直接影响到颗粒的质量、稳定性和生产效率。首先,水分含量过高或过低都可能导致颗粒结块、破裂或变形,影响颗粒的均匀性和完整性;其次,水分含量直接影响干燥速度和能耗,过高的水分含量可能导致需要更长的干燥时间和更多的热能,而过低的水分含量则可能导致颗粒表面硬化,内部水分难以排出;最后,对于某些对水分敏感的产品(如药品、食品等),水分含量过高可能导致产品变质或失效,影响产品稳定性。

造粒过程中的水分控制是一个非常复杂而极其重要的环节,需要综合考虑原料、工艺参数和设备条件等多个因素。

粉料中的水分主要有以下四种形态,不同形态的水分在造粒的过程中所起的作用也不相同。

1. 吸附水

粉体是由细小颗粒组成的集合体,不仅其比表面积大,而且干燥的颗粒表面还带有一定的电荷,在颗粒的周围形成电场,在电场范围内的极化水分子和水化阳离子吸附于颗粒表面。

水分子由于具有偶极性而中和颗粒表面的电荷,颗粒表面的过剩表面能将由于放出润湿热而减小，其结果是在颗粒表面形成吸附水层，这种被粉状颗粒表面强大的电引力吸引的分子水就称为吸附水，如图 6-1 所示。

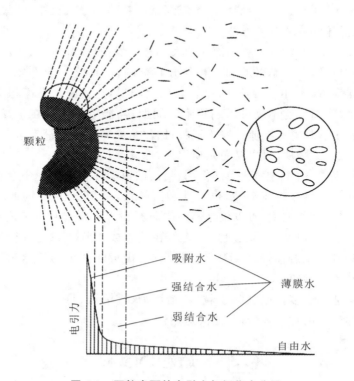

图 6-1　颗粒表面的电引力与极化水分子

吸附水的形成，不一定要将颗粒浸入水中或在颗粒层中加入液态水，即使是干燥的颗粒也会吸收大气中的气态水分子。吸附水层的厚度并不是恒定的，而与粉料的成分、亲水能力、颗粒的大小和形状、吸附离子的成分及外界条件，如粉料中水蒸气的相对压力和温度等因素有关。

通常将粉料孔隙中相对湿度为 100% 时的吸附水含量，称为最大吸附水含量（或最大吸湿性）。

吸附水的主要性质与自由水完全不同，其具有非常大的黏度、弹性和抗剪强度，不能在颗粒间自由移动，处于分散状态，后者在颗粒内部自由存在并易于去除。因此，若粉料中仅有吸附水，则造粒过程不会开始。

吸附水的含量和分布直接影响最终产品的质量。例如，在陶瓷、药品等行业中，过多的吸附水会导致产品性能下降、稳定性变差；在储存和运输过程中，吸附水的存在可能会导致颗粒吸湿、结块或变质。因此，需要采取适当的防潮措施以确保产品的长期稳定性。

在喷雾造粒过程中，吸附水的处理就是一个非常重要的环节。选择低水分含量的原料，优化混合与制浆工艺，调整喷雾和干燥条件以及采取适当的后续处理措施，可以有效降低颗粒的吸附水含量并提高产品质量。同时，应关注不同温度条件下吸附水的变化及其对颗粒性质的影响，以便制定科学合理的生产工艺。

2. 薄膜水

当粉料进一步被润湿时,在吸附水的周围就形成薄膜水。薄膜水也被称为弱结合水,是水分在特定条件下与岩土颗粒或其他物质表面相互作用形成的一种特殊形态的水。

薄膜水与颗粒表面的结合力要比吸附水弱得多,其分子活动的自由度较大,具有在颗粒间迁移的能力,而与重力无关,如图 6-2 所示。

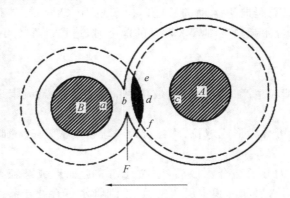

图 6-2 两颗粒间薄膜水移动示意图

A、B 是两个相距很近的等径颗粒,若颗粒 A 的水膜较厚,则位于 F 处的薄膜水到颗粒 B 中心的距离小于到颗粒 A 中心的距离,F 处的薄膜水会向颗粒 B 移动,即颗粒 A 周围较厚的水膜开始向颗粒 B 移动,直至两者的水膜厚度相等为止。

当两颗粒间的距离(图 6-2 中的 ac)小于两颗粒的电引力半径 ab、cd 之和时,两颗粒间引力相互影响范围($ebfd$)内的薄膜水,就同时受到两个颗粒电引力的作用,并具有较大的黏度。

颗粒间的距离越小,薄膜水的黏度就越大,颗粒就越不易发生相对移动。因此,薄膜水的厚度不仅影响物料的物理、力学性质(如摩擦性、成球性、压缩性等),还会影响造粒物的力学强度。

吸附水与薄膜水一起组成分子结合水,成为颗粒的外壳,在外力的作用下产生变形,并且使颗粒彼此黏结,这就是粉状物料粒化后会具有高强度的原因之一。

一般来讲,质地疏松、亲水性好、粒度小的粉料,其最大分子结合水较大。在达到最大分子结合水以后,粉料就能在外力(搓揉)的作用下,表现出塑性,从而使造粒过程开始进行。

3. 毛细管水

当粉料继续被润湿直至超过最大分子结合水时,就形成毛细管水。

毛细管水是颗粒的电引力作用范围以外的水分,由于毛细管内处于负压状态,故毛细管水能使颗粒互相靠拢。液体的表面张力越大,则毛细管的吸引力也越大,而单位截面积内的结合力则随着粒径减小而增大。造粒凝集体的抗张力与所用结合剂液体的表面张力成正比,与颗粒的粒径成反比,而且还与凝集体的空隙率有关。

毛细管水能在毛细管负压的作用下发生较快的迁移,而外力的作用可以引起毛细管形状和尺寸的改变,有利于毛细管水的迁移。显然,亲水物料的毛细管水的迁移速度比较大。毛细管内的负压能在颗粒与颗粒之间形成较强的结合力。

因此,在造粒的过程中,毛细管水起着主要的作用,造粒的速度取决于毛细管水迁移速度。当物料被润湿到毛细管水阶段时,可以加快造粒的过程。

4. 重力水

当粉料完全被水润湿时,还可能存在重力水,即在重力(或压力差)的作用下可以发生移动的自由水,具有总是向下运动的性能。由于重力水对颗粒具有浮力,对造粒过程不利,因此,只有当水分不超过毛细管水含量的范围时,造粒过程才可实现。

6.3.2 造粒的过程

在生产实际中,造粒生产过程中使用最广泛的造粒方法是凝聚造粒法,以下介绍凝聚造粒法的造粒过程。

造粒的过程一般可分为形成球粒、球粒长大和球粒紧密等三个阶段。

1. 形成球粒

当物料润湿到最大分子结合水以后,颗粒互相靠近而形成球粒,造粒过程开始。此时,各个颗粒已被吸附水层和薄膜水层所覆盖,毛细管水仅存在于各个颗粒的接触点上,颗粒间的其余空间仍为空气所填充。

在这种状态下,由于颗粒结合得不紧密,薄膜水不能发挥其应有的作用,而且毛细管水的数量太少,而颗粒层中毛细管的尺寸过大(尤其是当已润湿的物料水分均匀分布时),毛细管力也不能起到应有的作用,因此颗粒间的黏结力较弱。

为了在粉状料层中形成球粒,可以采用两种方法。一种是将机械外力作用于粉料层的某个区域,使该区域颗粒之间的接触更加紧密,同时形成更细的毛细管;另一种是将粉料进行不均匀的点滴润湿。

在实际操作中,往往同时利用这两种方法来形成球粒,如在造粒设备中,使粉料受到重力、离心力和摩擦力的作用而产生滚动和搓动,同时进行补充喷水。

在不均匀润湿的粉料中,球粒的形成是毛细管效应的结果,在颗粒接触处形成凹形液面,并产生毛细管力。而对于被水均匀润湿了的粉料,毛细管力虽未能起到应有的作用,但依靠机械力的作用,也会形成水分分布不均匀、接触较紧密的颗粒结合体,从而产生毛细管效应。

2. 球粒长大

上一阶段形成的球粒在造粒设备内继续滚动,球粒被进一步压密,使毛细管的形状和尺寸改变,从而过剩的毛细管水被挤到球粒的表面上来。

球粒长大的条件是球粒表面的水分含量接近适宜的毛细管水量,但实际上只需接近最大分子结合水含量即可。为了使球粒继续长大,必须人工地使球粒再次润湿,即往球粒表面喷水。

由此可见,毛细管效应也是促使球粒长大的原因。但是如果长大了的球粒中主要的作用力是毛细管力,那么各颗粒间的黏结强度仍然是很小的。

3. 球粒紧密

使球粒紧密的目的是增加其力学强度,这也是造粒操作的目的之一。

在使球粒紧密的阶段,应该停止补充润湿水,让球粒中挤出来的多余水分被未充分润湿的颗粒层所吸收。

利用造粒设备所产生的滚动、搓动等机械力的作用,使球粒内的颗粒发生选择性的、按接触面积的排列,从而使球粒内的颗粒被进一步压紧,促使球粒紧密,并使薄膜水层有可能相互接触。

由于薄膜水能沿颗粒表面迁移,因此,这种薄膜水层的接触,会导致形成一层为若干个颗粒所共有的薄膜。在这样的球粒中,各颗粒依靠分子黏结力、毛细管力和内摩擦阻力的作用相互结合起来,这些力越大,所形成的球粒的力学强度就越大。

因此,在这一阶段,往往让湿度较低的粉料去吸收球粒表面挤出的多余水分,否则将会因球粒表面的水分过多而发生黏结现象,并使球粒的强度降低。

必须指出,上述几个阶段是为了分析造粒的过程而划分的。实际上,这三个阶段通常都在同一个设备中一起完成,第一阶段具有决定性意义的是润湿,第二阶段除润湿作用外,机械作用也具有重大的影响,而在第三阶段,机械作用则成为决定性的因素。

在实际的造粒操作中,为了加快造粒的速度,提高造粒的质量,可以采用控制加水、加料的方法来改善和控制粉料的润湿情况,同时还要采取改进造粒设备结构的方法强化机械作用力。

6.4　造粒的机械设备

造粒的机械设备也称为造粒机。由于粉体造粒方法的不同,造粒机械的结构有很大的差异,且造粒操作必须还要考虑粉料和黏结剂的物性。因此,要根据对造粒产品的使用要求和生产能力,来选择合适的造粒机。

6.4.1　转动式造粒机

转动式造粒机也称为圆盘式造粒机,其主要结构是一个转动的圆筒或圆盘形容器,如图 6-3 所示。转动式造粒机主要通过旋转滚筒或转盘,利用物料间的摩擦力和挤压力,将粉状或颗粒状物料制成所需大小的颗粒。

转动式造粒机通过加料装置和喷水装置,连续不断地向容器内供给粉料和水(黏结剂)。润湿的粉体随着容器的转动或振动,不断地因附着、凝聚而形成球粒,并逐步长大、密实,成为球形的造粒物。达到要求粒径的造粒物不断地从容器中排出,就是造粒的产品。

在转动式造粒机中,目前用得最多的是倾斜圆盘式造粒机,其典型的外形结构如图 6-4 所示。带周边的倾斜圆盘支承在支架上,斜度调整机构可将倾斜圆盘的轴线调整到与水平面成 45°～60°角的合适的位置。电动机通过传动装置带动圆盘旋转。刮料装置不断地清除黏着在圆盘底部的粉料,使其随圆盘一起转动。

在圆盘转动的同时,通过可以调节水量的加水装置加入润湿水,促使粉料颗粒化而造粒。旋转的圆盘能使球粒形成有规律的运动,使较大的球粒和较小的球粒沿着各自不同的轨迹运行,因此,球粒能按其大小进行分料,只有最大的球粒才能从圆盘边处溢流排出,较小的球粒则在圆盘内继续长大。

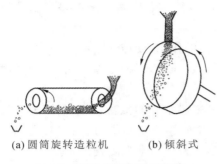

(a) 圆筒旋转造粒机　　(b) 倾斜式

图 6-3　转动式造粒机示意图　　图 6-4　倾斜圆盘式造粒机外形结构图

倾斜圆盘式造粒机制得的是球形颗粒,其大小通常在 2~40 mm 之间。若要得到较大的粒度,则盘边的深度要大,倾斜角要小。为了提高造粒(成球)的速度和成球的质量,可以采用预加水成球或预湿成球的工艺。

总之,转动式造粒机能够连续、稳定地生产颗粒,造粒效率高。通过调节设备参数,可以生产出颗粒大小均匀、形状规则的产品。转动式造粒机适用于多种物料的造粒,如化工原料、医药中间体、食品添加剂、饲料等,另外转动式造粒机设备结构紧凑,操作简便,易于维护和保养。

6.4.2　挤压式造粒机

挤压式造粒机的典型机械主要有螺旋挤压式造粒机、活塞挤压式造粒机以及辊筒挤压式造粒机等。

1. 螺旋挤压式造粒机

螺旋挤压式造粒机的工作原理如图 6-5 所示,先将粉末与辅料混匀后加入黏结剂制成软材,再将调制好的原料投入料斗,置于料斗下方的螺杆将原料挤压到挤压滚筒内,然后用强制挤压的方式使软材通过具有一定大小的筛孔进行造粒。

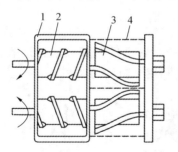

图 6-5　螺旋挤压式造粒机工作原理
1—外壳;2—螺杆;3—挤压滚筒;4—筒筛

为改进传统造粒机,现代设计方案引入了多种创新元素以提高效率和产品质量。其中一种改进方案是采用两根相对旋转的螺杆系统。这一系统中,两根螺杆以相反的方向旋转,形成强大的剪切和挤压力场。当原料被送入这两根螺杆之间时,它们不仅被有效地破碎和混合,还在螺杆的推动下向前移动,最终通过螺杆末端的孔板被挤压成颗粒。这种设计显著提高了造粒过程的连续性和效率,同时也有助于生产更均匀、致密的颗粒。

另一种创新设计是将多孔挤压板以非垂直的角度安装在螺旋多孔模板上,特别是在倾斜圆盘式造粒机的应用中。这种非垂直的安装方式使得物料在通过挤压板时受到更为复杂的应力作用,有助于调整颗粒的形状和大小。同时,由于挤压板位于螺旋多孔模板的顶端,靠近原料送入处,因此可以较早地介入造粒过程,提高整体的造粒效率。倾斜圆盘的设计则进一步促进了物料的均匀混合和分散,为后续的造粒过程奠定了良好的基础。

此外,还有一种改进设计是在盘面安装螺旋结构以代替传统的刮板。这种设计利用了螺旋结构的旋转和推进作用,将圆盘上的物料更加有效地从中心向外输送,并在输送过程中进行混合和初步造粒。与传统的刮板相比,螺旋结构具有更强的物料处理能力和更高的混合效率,有助于提升造粒机的整体性能。

2. 活塞挤压式造粒机

活塞挤压式造粒机的工作原理如图6-6所示。

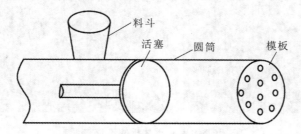

图 6-6　活塞挤压式造粒机工作原理

原料从料斗投入,由往复运动的活塞对原料进行挤压,其余部分与螺旋挤压式造粒机类似。这种活塞挤压式造粒机可用于高温、高压的金属及无烟火药等的挤压造粒。

3. 辊筒挤压式造粒机

辊筒挤压式造粒机也称摇摆挤压造粒机,其工作原理如图6-7所示,几根(图6-7中为6根)圆柱棒构成辊筒,在粗眼网板上进行往复或旋转运动。原料从料斗上部装入,辊筒将原料从网板上的粗眼中挤压出去而形成产品。这种辊筒挤压式造粒机的处理能力与网眼的数目有关,通常设置4~6个网眼,一般的处理能力为500~1000 kg/h。

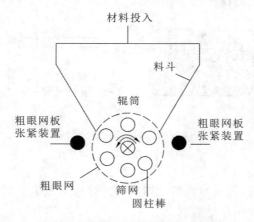

图 6-7　辊筒挤压式造粒机工作原理

6.4.3　模压式造粒机

在制药工业中很早就有压片造粒的方法和相应的压片机,用以制造片状、颗粒状的药片。单冲压片机的工作过程如图 6-8 所示,目前食品等工业中也常采用这种方法进行造粒。

在模压式造粒机中,将一定量的粉料充填到特制的模型中,充填的粉料必须能够自由流动,粉料在一定大小的压力作用下成型。

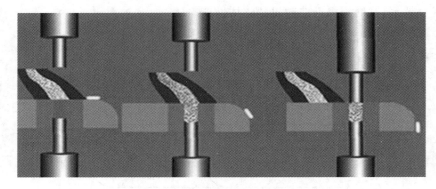

图 6-8 单冲压片机的工作过程

6.4.4 高速搅拌造粒机

高速搅拌造粒机称为三相造粒机,是一种集混合与造粒于一体的设备,自 20 世纪 80 年代发展以来,在多个工业领域得到了广泛应用。高速搅拌造粒机通过高速搅拌和切割作用,将粉体或颗粒状物料制成均匀致密的颗粒。

高速搅拌造粒机如图 6-9 所示,物料在搅拌器的作用下进行混合、翻动和分散,形成均匀的混合物;加入润湿剂或黏结剂后,物料在搅拌器的继续作用下形成较大的颗粒。这些颗粒随后被侧置的高速切割刀绞碎、切割,并通过搅拌器的搅拌作用被进一步挤压、滚动,最终形成均匀致密的颗粒。

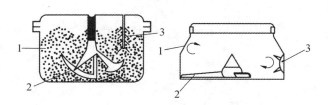

图 6-9 高速搅拌造粒机
1—筒体;2—搅拌器;3—切割刀

通过调整高速搅拌造粒机搅拌器和切割刀的转速以及混合时间,可以精确控制颗粒的大小和形状,满足不同用户的需求。

影响高速搅拌造粒机造粒效果的因素主要有:
(1) 黏结剂的种类、加入量、加入方式;
(2) 原料粒度,粒度越小,有利于造粒;
(3) 搅拌器的结构,如搅拌器形状、角度,切割刀的位置等。

6.4.5 流化床造粒

流化床造粒是将物料一次性投入密闭的容器内,通过设备将黏结剂均匀喷入,使黏结剂与物料充分混合并在容器内流动,形成小颗粒,通过底端送入热风将湿颗粒烘干,最终直接收集成品——干颗粒的技术。流化床造粒,也被称为沸腾造粒或一步造粒,是一种高效且多功能的造粒技术,是粉体流化技术在造粒过程中的应用。

流化床造粒装置如图 6-10 所示。

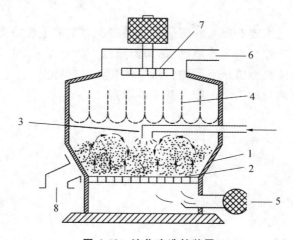

图 6-10 流化床造粒装置
1—筒体;2—筛板;3—喷嘴;4—过滤器;5—进气口;6—出气口;7—排风机;8—产品出口

流化床造粒的效果受多种因素影响,主要包括:

1) 流化气速

气速过小可能导致"干式"失稳,气速过大则可能增大磨损,降低造粒效果。

2) 床层温度

温度低时颗粒生长速率快,但易导致湿式死床;温度高时生产能力高,但过高会降低造粒效率。

3) 料液流速

料液流速越大,颗粒生长越快,但粒径增长速率随时间延长而减小。

4) 初始粒径

初始粒径大,颗粒生长速率较小;初始粒径小,颗粒生长速率较大。

5) 进风温度和风量

进风温度高,所得颗粒粒径小、脆性大;风量过大或过小都会影响物料的沸腾状态和颗粒质量。

流化床造粒技术因其独特的优势被广泛应用于多个领域,包括制药、食品、化工、农业等。在制药领域,它特别适用于中成药尤其是浸膏量大、辅料相对较少的中药颗粒的制备;在食品领域,可用于制备各种食品添加剂和功能性食品;在化工和农业领域,则可用于制备各种化工原料、催化剂以及肥料等。

本章思考题

1. 请简述造粒的基本原理与类型。
2. 请简述水分对造粒过程的影响。查阅相关文献资料,说明不同造粒工艺的水分要求。
3. 粉体造粒的方法主要有哪些?请简述这些造粒方法的主要特点和应用场合。
4. 请简述转动式造粒机的工作原理、结构组成及其特点。
5. 挤压式造粒机的典型机械有哪些?请简述其各自的特点。
6. 请简述流化床造粒的工作过程及其影响因素。

第 7 章　混合与均化

　　粉状物料的混合是粉体工程中重要的操作单元,目前在食品、医药、材料(尤指粉末冶金)、塑料、化肥、建筑等许多领域都有广泛的应用。粉状物料的混合是指两种或两种以上不同组分的物料在外力作用(通过机械或流体的方法)下发生运动速度或方向的改变,各组分颗粒得以均匀分布的操作过程。混合的目的就是使具有不同物理性质(如粒度、密度、形态等)和化学性质的粉状物料颗粒相互作用和渗透,在空间上达到随机均匀分布,形成满足人们需要的新的粉体材料。这个操作过程有时也称为均化。

　　在建筑领域,许多生产工艺过程都伴随着物料的混合与均化,良好的混合状况是产品质量的重要保障。例如,玻璃的生产包括两个混合过程,即粉体配料的混合和熔融玻璃的黏性流体的混合,玻璃液中的小气泡过多往往就是由配料不均匀造成的。也就是说,在水泥、玻璃等众多材料的生产过程中,高质量的粉体混合均化是不可或缺的关键步骤。这一过程对于确保材料的最终品质至关重要。

　　然而,粉体不仅是由多种化学成分单元简单混合形成的,其各组成成分包括粒径变化范围大的颗粒状物料。因此,粉体本质上是一个多相分散的材料体系,由无数形状、大小和性质各异的颗粒随机组合而成。这种集合体的特性远非单个颗粒所能概括,它既不完全符合固体的性质,也不完全等同于气体或液体,其物理性质十分复杂。目前人们对颗粒材料的认识还处于初级阶段。有学者指出,当今人们对颗粒物的整体认识,尚停留在 20 世纪 30 年代对固态物理的认识水平。

　　单个颗粒是以固体物态形式存在的,但由单个颗粒汇集而成的粉体却跨越了流体和固体的界限,即粉体具有特有的两重性——宏观上的连续性和微观上的离散性。而且粒子本身所具有的物理化学性质、外界环境条件的变化又会对颗粒的混合过程产生巨大的影响,使不同组分和性能的粉体颗粒的混合运动是一个非常复杂的混沌过程。很多时候,从宏观层面观察,粉体物料似乎已混合均匀,但微观层面的观察结果却揭示出显著的不均匀性。混合系统中颗粒的行为复杂多变,缺乏重复性,且目前尚未有统一的标准来准确衡量混合效果。因此,粉体混合成为粉体工程领域中一个难度较大、发展相对缓慢的重要分支。

　　粉体的混合均化是粉体工业企业生产操作过程中的核心工段。粉体的混合均化技术是一门综合性的技术工程学科,涉及粉体工程、质量计量、自动控制、机械与电子、物料流变学、测试技术与仪器、工艺学、概率论、取样论与实验数据处理等多学科领域的相关技术。粉体混合工程技术的任何进步,都与优化生产运行条件与生产配方紧密关联,旨在提升产品质量与生产效率,确保产品的安全性与无公害化;同时,这些进步也有助于节约原材料,降低能耗,从而降低生产成本;最终,这些努力将带来更高的社会效益、经济效益及生态效益。

　　国内外对粉体混合工程技术的主要研究内容可以归纳为粉体混合机理的研究、粉体混合设备的开发研究与创新设计、粉体物料的物理性质、加工工艺对物料混合过程的影响等 5 个方面。

7.1 混合的基础理论

7.1.1 混合的定义及目的

对于由两种或两种以上的物质所组成的集合体，以促使物质移动、传热或产生化学反应为目的，进行适当的处理使其均匀分布的操作称为混合。混合是一种内容很广的操作的总称，有时也特指固体颗粒之间的混合；而液体之间或液体与少量固体之间的混合称为搅拌；高黏度物质之间或固体颗粒与少量液体之间的混合称为捏合；高分子材料之间或高分子材料与添加剂之间的混合称为混炼（混练）。捏合与混炼都介于固体颗粒的混合与搅拌之间，二者之间有时没有明显的区别和界限。

我们通常将某种化学成分含量不同的同种物质的固体颗粒之间的混合，并使其化学成分分布均匀的操作称为均化。这一过程实质上是固体颗粒之间的混合，不仅限于同种物质之间，也包括不同种物质的固体颗粒之间的混合。在习惯上，大规模、使用大型设备和大容积容器或在大面积场地上进行的此类操作往往被称为均化，而相对较小规模、使用小型机械进行的则更多被称为混合。然而，从操作过程的机理和最终效果的评价参数来看，均化和混合在本质上是相同的，仅仅是名称上的区分。

可以这样理解，混合与均化操作的主要目的是得到各种成分分布均匀的混合物，或化学成分稳定的物料，从而保证工艺过程的稳定，提高产品的质量。

混合按照操作方式，可分为间歇式混合和连续式混合。间歇式混合是将经过配料的物料投入混合设备中，经一段时间混合，达到要求的混合质量后，从混合设备中排出，然后再投入下一批物料；连续式混合则是连续地向混合设备中加料，经过一段时间的混合之后混合物料连续地从混合设备中排出。目前，在实际生产中间歇式混合使用较多。

混合按照操作设备，可分为机械混合和气力混合。虽然目前机械混合使用较多，但气力混合具有混合质量好、设备容积大、无运动部件、结构简单、维修方便、费用低等优点，特别适合于粉状物料的混合。

7.1.2 混合过程机理

在混合操作的过程中，按照固体颗粒在混合设备中运动状态的不同，混合机理大致可以分为以下三种。

1. 对流混合

在外力的作用下，固体颗粒群大幅度地移动位置，在循环流动的过程中进行混合，其也可称为移动混合。这种混合中，固体颗粒群相互交换位置，在宏观上进行整体混合，混合的速度较快，混合的结果是物料在宏观上趋于均匀化。

2. 剪切混合

剪切混合指由于物料中各个固体颗粒的速度不同，颗粒之间产生相对剪切滑移而进行的混合。这种混合机理在捏合操作中起的作用较大。

3. 扩散混合

扩散混合指相邻的两个颗粒之间相互改变位置而引起的局部混合。这种混合是在微观状态下进行的,可使物料达到完全均化的混合程度,但其混合速度很慢。

很多学者把粉体间混合的各个阶段用图 7-1 来表示。由图可知,粉体混合的第Ⅰ阶段表现为宏观混合,整体混合很快,为对流混合;第Ⅱ阶段的混合速度有所减慢,是对流混合与剪切混合的共同作用阶段;第Ⅲ阶段时,粉体的混合均匀度(成分的标准差 σ_0)在某一值上下波动,表明粉体的混合与分离相平衡,粉体处于微观混合阶段,为扩散混合阶段。

由于粉体本身的物化性质的不同、设备结构与操作条件的不同,实际生产中粉体的混合是一个很复杂的过程,不仅三种混合方式可能同时存在,而且混合过程伴随着粉体颗粒的分离。

在各种混合设备中,上述三种混合都是同时存在的,只是所占的比重不同。表 7-1 中列出了几种混合设备中三种混合机理所占的比重。此外,各种混合物料的特性也会对三种混合机理所占的比重产生较大的影响。

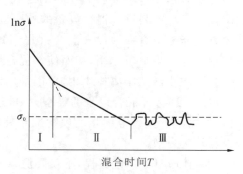

图 7-1　粉体混合的三个阶段

表 7-1　几种混合设备中三种混合机理所占的比重

设备类型	对流混合	剪切混合	扩散混合
重力式(容器旋转)	大	小	中
强制式(搅拌式)	大	中	中
气力式	大	小	小

7.1.3　影响混合的因素

粉料的混合与流体混合不同,其主要特点是混合过程完全取决于粉料的循环流动,而且在混合的同时还会发生离析作用。所谓离析就是粉料中的颗粒按粒度或密度大小而分级的趋势,是与颗粒混合相反的过程,离析会妨碍混合过程的顺利进行,还会使已混合好的物料重新分层,降低混合物的混合度,因此在混合过程中要尽量防止离析的发生。

混合操作所能达到的混合质量,可看作混合和离析两种过程达到相对平衡的结果,影响离析的因素也是影响混合过程的因素,主要包括物料的流动特性和混合设备的性能两方面。

物料的流动特性与其颗粒的物理性质密切相关,这些性质包括颗粒的粒径及其分布、颗粒密度、形状、水分含量、休止角等,当粒径、密度相差很大的两种物料混合时,不同的颗粒会有不同的混合运动状态,有相互分离的倾向,容易产生离析。随着混合物中粒径差异的减小,离析现象减弱。但是,如果在表面带有黏附性的粗颗粒混合物中加入粒径非常小的细颗粒,那么,细颗粒会覆盖在粗颗粒表面而失去运动自由,这样就可以得到高质量的混合物。同样,颗粒的密度越小,离析作用也越小。对于密度差异较大的混合物,用减小粒径的方法可减弱离析作用。此外,当混合物中两种物料的休止角存在较大差异时,也会增大离析作用。

混合设备的混合机理直接决定了其对离析作用的影响程度。那些以扩散或剪切混合机理为主的设备,往往容易引发显著的离析现象;相反,以对流混合为主的设备则能显著减少离析现象的发生。混合设备的几何形状和尺寸会影响颗粒的流动方式和流动速度,其运转条件如设备内物料量的充填比率、所用搅拌部件的尺寸、搅拌部件和混合设备容器的旋转速度等均会影响物料的运动,从而影响混合过程和混合质量。此外,加料点的位置和各种物料进入混合设备的顺序也是影响因素之一,采用各种物料按比例同时加入的方式能够更有效地促进混合过程。卸料方式也很重要,若依靠重力卸料,则在卸料过程中容易产生离析作用,从而使在混合设备内已混合好的混合物料质量降低。

为了防止或减小离析作用,可以采用以下措施:

(1) 合理选择混合设备的类型,尽量选择以对流混合机理为主的混合设备,如带状搅拌器、气力混合设备等。在处理物性相差较大的物料时,则选择容器固定型的连续式混合设备较为有效。

(2) 合理布置工艺流程,不仅要注意混合设备内混合物料的混合质量,而且要注意混合物料从混合设备卸出后在输送、储存过程中的混合质量的控制。例如在输送中应尽量减少振动和落差,尽量缩短混合设备与使用混合物料的设备之间的距离。在需要存储时,应设计采用整体流的储仓,缩短储存时间等。

(3) 改进配料方法,使混合的各种物料的物性相差不要太大。

(4) 改进加料方法,例如向混合机内一层一层加料时,使能向上移动的颗粒铺在下层,而能向下移动的颗粒铺在上层,以降低离析程度。

(5) 制备粘接粉料,在混合料中加适量的水,以润湿粉磨,适当降低其流动性,以利于混合。

(6) 改进混合机的操作,例如降低混合机内的真空度或减小物料的破碎程度,以减少粉尘量。对于易成团的物料,可在混合机内加装打散装置,或增大径向混合的作用。

综上所述,影响粉体混合的主要因素是粉体颗粒的性质、混合设备的性能、工艺参数和混合环境几个方面。而研究粉状物料的物理性质、加工工艺对其混合过程的影响,对于提高粉体物料混合均化的质量、效率与安全性有着极其重要的意义。

事实上,上述任何一个因素的变化,都可能对混合过程和混合效果产生明显的影响。颗粒之间能否有效地混合,常用"相容性"来衡量,良好的相容性是实现均匀混合的关键因素之一。若两种颗粒不相容,则相互混合并保持稳定空间分布的能力小,分离的倾向性强,最终导致混合均匀度不高,且波动很大;若两者相容,即粉体的物性一致或相近,则能形成均相或相畴极小的微分体系,这种体系更有利于提高并保持粉体的混合均匀度。

粉体混合是一个受诸多因素影响的复杂过程,人们在研究粉体混合与均化的过程中,通常会简化混合过程的影响因素,即通过确定某单一因素对混合效果的影响,来认识混合过程的主要特征。

如球形颗粒在标准双锥、V形、圆桶形、半锥形和Y形等混合容器中的混合特性已逐步被探明,在研究混合工艺参数,如转速、粉体的填充率对混合效果的影响,混合过程随时间的变化情况等方面,也取得了一些具有实用价值的研究成果。

但是，由于粉体混合过程的复杂性和多样性，至今，围绕多组分粉体混合过程（不同粉体的物性存在巨大差异，这将导致不同粉体间的混合过程和混合效果不同）的一些基本问题，仍需要研究者进一步关注。

7.2 混合质量的评价

几种物料的混合过程，就是各种物料不断分散的过程。混合状态的模型如图7-2所示。将黑、白两种物料进行混合时，既可以认为是将黑色物料分散于白色物料之中，也可以认为是将白色物料分散于黑色物料之中，还可以认为是两种物料互相分散。图7-2(a)表示混合前黑、白两种物料处于完全分离的状态。图7-2(b)表示混合后达到理想完全混合状态，两种物料都被分散成了单个颗粒，而且每个颗粒都被另一种物料的颗粒所包围，整个混合体的任一局部都达到了极均匀的状态。在实际的工业混合操作中，混合过程是一种随机事件，可称为概率混合。工业混合所能达到的最佳状态称为随机完全混合态，如图7-2(c)所示。

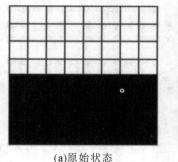  

(a)原始状态　　　　　　(b)理想完全混合状态　　　　　(c)随机完全混合态

图 7-2　混合状态模型

7.2.1　取样与测定

为了评价混合的质量，必须首先在已混合的物料的不同位置随机地抽取若干个试样，然后对试样进行测定，用所得的测试结果进行评价。

抽取试样时应注意试样的大小、试样的个数和取样的位置，以保证测试的结果能真实地反映混合的质量。试样的大小对评价混合的质量起着至关重要的作用。由于在随机完全混合态中，各种成分在某些局部的位置上一定是均匀的，因此，若试样太小，就不能真实地反映混合的质量，但试样太大也会给取样和测定带来麻烦。合适的试样大小，应当是使试样具有与混合物料相同成分含量的最小值，可在混合物料中取若干组大小不同的试样，分别进行测定，其中与混合物料成分含量相同的最小试样的大小，即为合适的试样大小。此外，确定试样的大小时还要考虑试样的测定方法及其精度要求。

试样的个数越多，测得的结果就越接近混合物料的真实值，但取样和测试的工作量也越大。在工业生产中，由于取样、测定时间、测定费用等因素的限制，盲目地增加试样的个数既不经济，也不现实，应当在能获得足够的置信度的前提下，尽量减少试样的个数。如果从混合物料中取出的试样的测定结果是服从正态分布的,那么试样的个数在20以下时置信度太低,在50以上时比较合适。

为了避免因取样的位置选择不当所引起的误差,可以先将各个可能的取样位置编号,然后用随机数码来确定取样的位置,这样可使每个可能的取样位置都有同等的选择机会。此外,若在混合设备的某一区内取样来测定混合的质量,则其数据只能用来与混合设备的另一区内的混合质量进行比较,而不能代表混合设备内所有混合物料的混合质量。因此,应当在混合设备排出的物料中取样,这样所测得的数据才能代表整个混合设备的混合质量。

在对试样进行分析和测定时,所采用的方法和仪器应满足测定时间短、测定的数据可靠、测试费用低等要求。此外,测试时所用试样的体积应小于或等于取样的体积。测定混合物料中某种成分含量的方法有如下几种。

(1) 化学分析法:如酸碱滴定法、电导法、离子选择电极法和比色法等。其优点是数据可靠,但分析费时、费力,有时成本较高。

(2) 白度法:其工作原理是用光照射混合物料,用白度仪接收反射光,并将其强度经光电转换后,表示白度的大小。混合物料白度的均化性可以表示由若干种色泽不同的物料按比例组成的混合物料的均化性。此法的优点是既不需要取样,又不需要分析,操作简便,测试时间短,但测定的数据仅可用于相对比较。

(3) 示踪法:将少量示踪物料(如放射性同位素、磁性铁粉、色泽鲜明的惰性颗粒、被测混合物中没有的化学成分等)掺入混合物料中,然后用相同的方法观察或记录示踪物料的踪迹,即可观察、检测混合的全过程。

(4) X射线荧光谱分析:其工作原理是用X射线照射物料,使物料中各种元素被激发而产生具有各自特点的特征X射线。元素的含量不同,其特征X射线的强度也不同。通过分析测得的荧光X射线的特征及其强度,可以迅速且准确地确定元素的类型及其含量。这种方法不仅分析速度快,操作简便,还具备自动控制和在线测定的能力,可确保测量数据的稳定性和可靠性,有效避免人为因素的干扰。然而,该方法所使用的仪器结构复杂,价格较高,对操作人员的专业素质和技能也提出了较高的要求。

7.2.2 混合质量的评价参数

物料的混合过程是一个随机过程,混合物料中某种成分的含量是一个随机变量。用某种成分的含量来评价混合的质量即混合的均匀程度时,可采用数理统计的方法。

从混合物料中取出 n 个试样构成一个样本,测得各试样中某种成分的含量为 x_i,则该样本中某种成分含量的均值 $\overline{x}$ 和标准差 S 分别为

$$\overline{x} = \frac{1}{n}\sum_{i=1}^{n} x_i \tag{7-1}$$

$$S = \sqrt{\frac{1}{n-1}\sum_{i=1}^{n}(x_i - \overline{x})^2} \tag{7-2}$$

式中:n——试样的个数;

x_i——任一试样中某种成分的含量。

试样的均值 $\bar{x}$ 表示混合物料中某种成分含量的平均值；标准差 S 则表示某种成分含量波动的幅度。当试样的个数非常大时，试样的均值 $\bar{x}$ 和标准差 S 接近总体的均值 μ 和标准差，可以作为 μ 和 σ 的无偏估计值。由样本的均值 $\bar{x}$ 和标准差 S 可以求出波动范围（变异系数）R：

$$R = \frac{S}{\bar{x}} \times 100\% \tag{7-3}$$

混合物料中某种成分的含量 x_i 随试样个数 n 分布的规律是不同的，但一般都近似地符合正态分布。正态分布曲线可根据正态概率密度函数绘出。正态概率密度函数 $p(x)$ 为

$$p(x) = \frac{1}{\sqrt{2\pi}\sigma} \exp\left[-\frac{(x-\mu)^2}{2\sigma^2}\right] \tag{7-4}$$

样本的正态概率密度函数中的 μ、σ 可用 $\bar{x}$、S 代替，即

$$p(x) = \frac{1}{\sqrt{2\pi}S} \exp\left[-\frac{(x-\bar{x})^2}{2S^2}\right] \tag{7-5}$$

正态分布函数是双参数分布函数，只要有了均值 $\bar{x}$ 和标准差 S（或 μ、σ），即可确定其分布。正态分布曲线的形状如图 7-3 所示，是一种单峰钟形曲线，并对称于均值 $\bar{x}$。

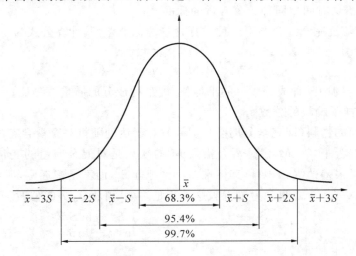

图 7-3　正态分布曲线

标准差 S 的数值与曲线两侧的拐点相对应，其值越大，曲线就越平坦，x_i 的数据也越分散。根据计算，整个曲线所覆盖的面积是 1，即概率为 100%，而在 $\bar{x}+S$ 和 $\bar{x}-S$ 之间的概率为 68.3%，在 $\bar{x}+2S$ 和 $\bar{x}-2S$ 之间的概率为 95.4%，在 $\bar{x}+3S$ 和 $\bar{x}-3S$ 之间的概率为 99.7%。

评价混合质量的参数称为混合度（又称均化度、均匀度），是表示混合物料中各种成分均匀分布程度的一种尺度。表示混合度的参数主要有以下几种。

1) 标准差 S

如果混合物料中某种成分含量的分布符合正态分布，而且试样中该种成分的含量与试样的大小无关，那么就可以用该种成分含量的标准差 S 来表示混合均匀程度，而该种

成分含量的均值 $\bar{x}$ 则是其控制值(额定值)。显然,标准差 S 越小,就表示混合物料的均匀性越好,即混合质量越好。

2) 波动范围 R

当两种混合物料中某种成分含量的均值 $\bar{x}$ 不同时,即使标准差 S 相同,二者的混合质量也显然不同(均值 $\bar{x}$ 大的混合物料的混合质量较好),因此要用波动范围 R 来进行评价和比较。

3) 混合指数 M

假设粉体混合从 S_0 的起始状态向随机完全混合态 S_r 推进,用某个瞬间的某一组分的标准差 S 与混合之前及随机完全混合态下的标准差 S_0 及 S_r 进行比较,描述混合进行的程度,也就是说,混合指数 M 的定义是已发生的混合质量与可能发生的混合质量之比,即

$$M = \frac{S_0^2 - S_t^2}{S_0^2 - S_r^2} \tag{7-6}$$

式中:S_0——混合前某种成分含量的标准差,其计算公式为

$$S_0 = \sqrt{\bar{x}(1-\bar{x})} \tag{7-7}$$

S_t——混合 t 时间后同种成分含量的标准差;

S_r——在随机完全混合态下同种成分含量的标准差,其计算公式为

$$S_r = \sqrt{\frac{\bar{x}(1-\bar{x})}{N}} \tag{7-8}$$

$\bar{x}$——混合物中某种成分含量的平均值,即某种成分的质量百分比;

N——试样中颗粒的总数。

对于混合前的物料(即完全分离态),$M=0$;对于达到随机完全混合态的物料,$M=1$;在实际的随机混合中,$0<M<1$。混合指数 M 的缺点是对混合质量的变化不敏感,因为即使是混合质量很差的混合物料,其标准差 S_t 也接近 S_r,而不是接近 S_0,所以混合指数 M 的数值通常在 $0.75\sim1$ 之间。为了克服这一不足之处,可将式(7-6)修改为

$$M = \frac{S_0 - S_t}{S_0 - S_r} \quad \text{或} \quad M = \frac{\ln S_0^2 - \ln S_t^2}{\ln S_0^2 - \ln S_r^2} \tag{7-9}$$

4) 混合效果 E

混合效果又称均化效果,其定义是混合前后物料中某种成分含量的标准差之比,即

$$E = S_0/S_e \tag{7-10}$$

式中:S_0——混合前物料中某种成分含量的标准差;

S_e——混合结束后混合物料中该种成分含量的标准差。

混合效果 E 在同种物料的成分均化操作中应用较多。

上述参数适用于间歇混合操作,表示在某一时刻混合设备内混合物料的均匀程度。在连续混合操作中,出口处混合物料中某种成分的含量随混合机内物料的装填率、混合机的转速及流量、入口处物料中某种成分的含量等操作条件而改变。为了评价混合质量,可在出口处随机取出 n 个试样进行测定,则连续混合操作的混合质量可用混合度 M_c 来表示:

$$M_c = \left[\frac{1}{n}\sum_{i=1}^{n}\left(\frac{x_i - \overline{x}}{x_0}\right)^2\right]^{1/2} \qquad (7\text{-}11)$$

式中：x_i、x_0——出口处、入口处某种成分的含量；

$\overline{x}$——出口处同种成分含量的平均值。

7.3 粉体混合设备

经研究开发和应用，目前已广泛认为高效混合技术是干粉材料混合均化中最有效的关键技术之一，是工厂的"心脏"部分，其设计的准则是混合物料在达到什么样的运动状态下具有最有效的混合均化效果。因此，高效混合设备的开发一般以相似力学为基础，通过试验手段来确定其最优操作参数。

目前，国内先后自行开发的 DSH 型双螺旋锥形混合机、SLH 型双螺旋锥形混合机、WZ 型无重力混合机、LDH 型犁刀式混合机以及螺带式混合机、行星螺旋锥形混合机、微量元素混合装置等，都是较先进的混合机型。这些新型粉体混合设备，均具有独特的结构和混合机理，为提高粉体混合均匀度和混合效率都起到了极大的推动作用。

粉体混合设备按内部结构可以分为静态（无动力式）混合设备和动态（强制式）混合设备；按混合动力来源可分为机械搅拌设备和压缩空气搅拌设备（设施），即粉体物料的混合方式包括机械混合与气力混合、连续式混合与间歇式混合。

粉体混合设备不论在什么行业和领域，都要面临物料的性能、计量混合性能、使用条件及环境条件的不同。生产企业用户的需求、规模、工艺和集约化程度的差异导致粉体混合设备多为系列化产品，而这种产品的产量又不能太大。同时，粉体混合设备还要面临行业特点、法制文件的规范、行政管理体制的不同，这些都使粉体混合设备技术发展具有多样性与复杂性的特点。创新研究设计并开发新的机型，特别是适应性广、功能完善的粉体混合设备，是当前粉体物料混合设备技术发展的重要方向。

7.3.1 机械混合设备

混合机械可以将多种物料混合成均匀的混合物，增加物料接触表面积，以促进化学反应；还能够加速物理变化，例如在粒状溶质中加入溶剂，通过混合机械的作用可加速溶解混匀。为了适应粉体物料的各种混合要求，机械混合设备的机型也是多种多样的。

1. 重力式混合设备

重力式混合设备是最简单的通用类型。封闭式筒体绕水平轴或水平倾斜轴旋转，使粉体颗粒在混合物表面上相互翻滚而混合，如图 7-4 所示。

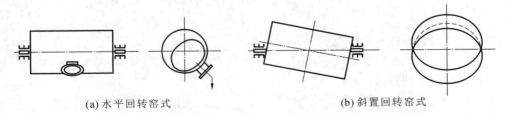

(a) 水平回转窑式　　　　　　　(b) 斜置回转窑式

图 7-4　重力式混合设备

常见的容器形状有圆筒形、立方体形、V形、对锥式等,如图7-5、图7-6所示。

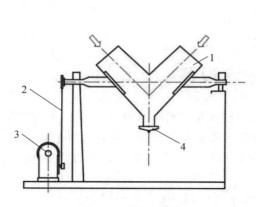
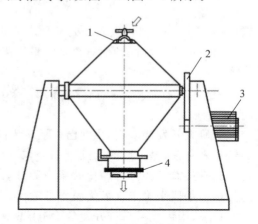

图7-5　V形混合机　　　　　　　　图7-6　对锥式混合机
1—原料入口;2—链轮;3—减速器;4—出料口　　1—进料口;2—齿轮;3—电动机;4—出料口

V形混合机如图7-5所示,由两个呈V形焊接起来的圆筒容器组成,夹角为60°～90°,其转速为6～25 r/min,装料量为两个圆筒体积的10%～30%。

由于回转运动,粉体颗粒在倾斜圆筒中连续地反复交替、分割、合并;物料随机地从一区传递到另一区,同时粉体颗粒间产生滑移,进行空间多次叠加,颗粒不断分布在新产生的表面上,反复进行剪切、扩散混合,且无混合死角。

V形混合机系列产品为高效不对称混合机,混料筒结构独特,混合均匀,效率高,不积料。整机结构简单,操作容易。筒体采用不锈钢制作而成,外形美观,并且清洗和维修都很方便。因其结构特点,该机适用于流动性良好、物性差异小的粉体物料,以及要求时间短且精度不高的物料的混合,混合机内物料运动平稳,物理性质不会改变,因此也适用于易破碎、易磨损的粒状物料的混合,或较细的粉粒、块状、含有一定水分的物料的混合,广泛用于化工、食品、医药、饲料、陶瓷、冶金等行业的粉料或颗粒状物料的混合。

对锥式混合机如图7-6所示,呈60°和90°角两种形式。若容器内未安装叶轮,一般混合时间为5～20 min,若容器内安装叶轮,混合时间可缩短到2 min左右。

大多数重力式混合设备的粉体装填率(装料容积与容器总容积之比)通常为0.3～0.5。

容器的最佳工作转速是指在此容器内粉料混合达到平衡后,其粉料组分的标准差最小时的转速。最佳工作转速 n 值可用其相应的最佳 F_T 准数来表达。

F_T 准数是离心力与重力之比,即

$$F_T = \frac{\omega^2 R_{\max}}{g} = \frac{\pi^2 n^2 R_{\max}}{900 g} \tag{7-12}$$

式中:ω——容器旋转的角速度;
　　　$R_{\max}$——容器最大旋转半径,m;
　　　n——容器的转速,r/min;
　　　g——重力加速度,m/s²。

混合设备的 F_T 准数均小于1,属重力混合。对于一些常用的重力式混合设备,其相

应的最佳 F_T 准数推荐如下。

圆筒形：$F_T=0.7\sim0.9$。

双锥形：$F_T=0.55\sim0.65$。

V形：$F_T=0.3\sim0.4$。

混合设备的最佳转速除与容器的形状有关外，还与混合粉料的平均粒径和装填率等有关。

2. 离心搅拌式混合设备

旋转的搅拌叶片使固定容器内的粉料由一个位置移动到另一个位置，以获得强制混合。

搅拌式混合机由安装于转轴上的搅拌叶片带动筒体内的粉体物料运动，使搅拌叶片在筒体最大范围内翻动物料，从而对粉体物料产生轴向推力，一方面将筒体底部和中间的物料不停地向上翻动搅拌，另一方面连续地把混合均匀的粉体物料沿轴线推送到卸料口（溢流口）卸出。

搅拌式混合机主要以对流混合为主，对流混合能使粉体物料在较短的时间在混合机内快速混合，如图 7-7 所示。颗粒在筒体内进行大范围的随机混合，相邻的固体颗粒群相互交换各自的位置，从而形成环流。

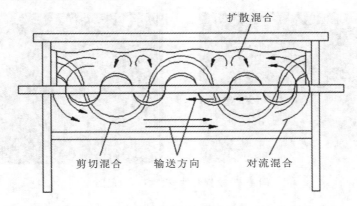

图 7-7 搅拌式混合机的混合机理

对流混合一般又包括两种机理：层流对流混合和体积对流混合。物料在层流对流混合过程中主要受剪切、拉伸和挤压作用，一般发生在高聚物的熔体中。固体颗粒的混合通常被认为是体积对流混合，它是通过粉体颗粒体积的重新排序来实现的。

离心搅拌式机械混合按传动轴位置的不同，可分为：

（1）水平轴浆叶式、Z 式和螺旋环带式；

（2）垂直轴（浆叶式、动盘式等）；

（3）斜轴（螺旋叶片式）。

搅拌式（叶片式）合成均化设备是一种应用于多组分干粉物料的混合均化设备，它属于连续、强制性搅拌混合机械设备，已广泛应用于水泥工业中的合成水泥和预加水成球等工艺环节。图 7-8 所示为一典型的水泥粉体搅拌式混合均化设备结构示意图。由传动装置 1、支承回转装置 2（包括转轴、搅拌叶片等）、筒体部分 3、出料装置 4 等几部分组成。筒体部分

3 上方有配合料的进料口、收尘口,下部有出料口,筒体采用专用机座或支承装置固定。筒体内部安装一根可转动的主轴(转速约为 120.54 r/min),搅拌叶片紧固在转轴上,叶片与叶片之间要保持一定的距离,叶片安装后要形成一定的角度,如图 7-9 所示。

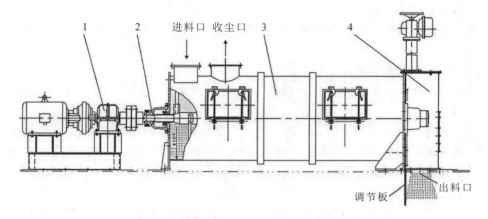

图 7-8 搅拌式混合均化设备结构示意图
1—传动装置;2—支承回转装置;3—筒体部分;4—出料装置

图 7-9 搅拌叶片安装结构示意图

图 7-10 所示是生产实际中,该混合均化设备用于混合矿渣粉与熟料粉从而合成水泥成品的混合工艺流程。图 7-10 显示,根据市场需求和国家质量标准的要求,将来自水泥配料系统各自储存库中的矿渣和水泥熟料粉,经斗式提升机,按比例计量、混合、均化、配制成不同强度等级的矿渣水泥。

一般在具体的生产实际中,要根据产量或质量的具体要求来确定混合均化工艺,物料在筒体内的停留时间也会影响混合均化设备的产量和质量。有资料显示,决定停留时间的因素有叶片的形式、安装角度及布置方式,此外,转轴的转速、搅拌的物流方向、加料的料层高度等也是重要影响因素。

螺旋环带式混合机是一款高效率、高均匀度、高装载系数、低能耗、低污染、低破碎的新型搅拌混合设备。该混合机在粉体与粉体、粉体与液体的混合,特别是搅拌膏状、黏稠或相对密度较大的物料(如腻子、真石漆、金属粉末等产品)中应用广泛,在制药、食品、农药、染料、化工、塑料、陶瓷、涂料、腻子、砂浆等领域应用广泛,其混合机理主要是对流和剪切混合。

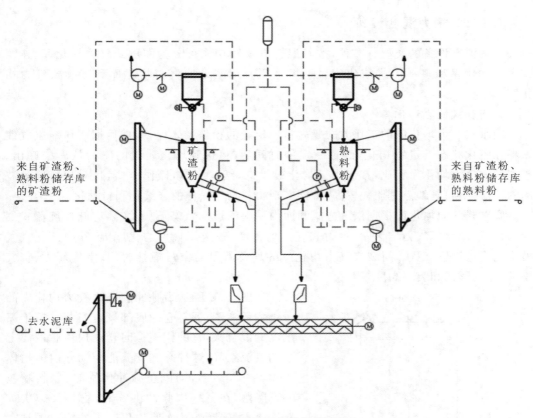

图 7-10　粉体混合的工艺流程

螺旋环带式混合机的组成部件如图 7-11 所示,有混合容器、螺旋环带和传动部件。主体为长筒结构,保证了被混合物料在筒内运动时阻力较小。安装在同一水平轴上的正反旋转螺带,在转动时能够形成一个低动力的环境,常用的螺带叶片都为双层或三层,外层螺带将物料从两侧向中央集聚,内层螺带将物料从中央向两侧输送。物料在流动中形成很多涡流,加快了混合速度,使混合均匀度更高。

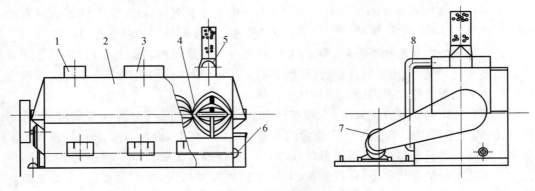

图 7-11　螺旋环带式混合机

1—微量元素添加剂进料口；2—机体；3—主料进料口；4—螺旋环带；5—出气口和布袋过滤器；
6—排料控制机构；7—齿轮减速电动机；8—风管

7.3.2 气力混合设备

气力混合设备的类型有多种,按其混合方式和功能可分为间歇式气力均化库、连续式气力均化库和多料流式均化库。这里主要介绍间歇式气力均化库和连续式气力均化库。

1. 间歇式气力均化库

间歇式气力均化库的工作方式是先将一定量的粉料装入库内,然后通入压缩空气使粉料在流化状态下进行均化,经过一定的时间后,将达到均化质量的物料从库中卸出。与连续式气力均化库相比,其优点是均化效果好,结构简单,操作方便,且对粉料成分波动的适应性强;其缺点是能耗较高,不能实现粉料均化操作的连续化和自动化。

间歇式气力均化库根据供气方式和库内粉料的运动状态不同,主要有脉冲旋流式气力均化库、流化式气力均化库、重力式气力均化库、输送床气力均化库等,其中流化式气力均化库应用较广泛。间歇式气力均化库的均化效果与空气搅拌时间、空气压力、空气用量、充气形式和装料高度等有关。

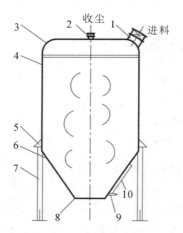

图 7-12 脉冲旋流式气力均化库结构简图
1—进料装置;2—排气口;3—筒体封头;
4—筒体;5—耳座;6—下锥体;7—支撑架;
8—卸料装置;9—喷气装置;10—喷嘴

图 7-12 所示为脉冲旋流式气力均化库的结构示意图,混合仓的底部设有安装有若干喷嘴的混合头,它的作用是向仓内提供脉冲向上的旋流空气,这种空气旋流能带动仓内的粉体物料一起运动,当停止脉冲供气时,物料颗粒就降落,在下一次脉冲供气时,物料又一次被旋流空气带起,从而使均化库中的物料颗粒在压缩空气的旋流作用下作反复的搅拌运动,实现粉体物料的高强度混合。

流化式气力均化库的库体一般为圆筒形钢筋混凝土结构,库顶设有进料、收尘和辅助装置(如人孔、安全阀、料位器等),库为充气装置,由许多充气箱组成,并按一定的形状和次序分为若干个充气区,每个充气区都有各自的进气管道,在库底(或库侧)还有卸料口。

流化式气力均化库如图 7-13 所示,工作时先将一定量的粉料加入库内,使其达到要求的床层高度,然后关闭进料口,从均化库底通入压缩空气,使均化库内的粉料在压缩空气的作用下处于流化状态,从而达到均化的目的。

库底充气箱的充气方式采用"一强三弱"的方式,库底充气箱分为四个扇形区,分别用 A、B、C、D 表示。当 A 区通入大流量的压缩空气("一强"),而在 B、C、D 三区通入小流量的压缩空气("三弱")时,不同流量的压缩空气通过透气层后进入粉料层向上运动,使大流量区的粉料呈流化状态,床层膨胀很高,空隙率变得很大,称为活化区;小流量区的粉料则呈疏松状态,床层膨胀很低,但可改变粉料的流动性能,称为非活化区。在这种状态下,活化区的粉料上升,非活化区的粉料下降,从而进入活化区底部的空隙,形成粉料

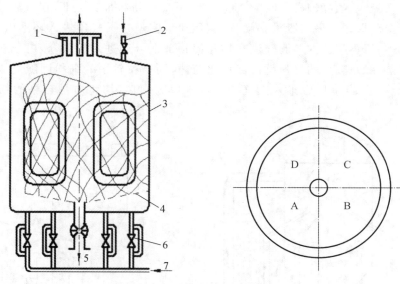

图 7-13 流化式气力均化库
1—收尘器；2—进料口；3—料仓；4—透气层；5—卸料口；6—流量调节阀；7—进气管

的循环运动而实现均化，向上运动的空气则经收尘器后排出。工作一段时间之后，再将大流量的压缩空气供给 B 区，而其他三个区则供给小流量压缩空气，依次按顺序变化，即可使库内的粉料得到充分的搅拌，达到均化的质量要求。

在使用流化式气力均化库对粉料进行均化的过程中，同时存在扩散均化、对流均化和剪切均化三种均化方式，由于定时改变活化区和非活化区，以及气流和粉料的循环方向，因此各区粉料进行三种方式的均化的机会均等，从而保证了整个均化库内粉料的均化质量。

流化式气力均化库比较适用于对较细颗粒进行均化，因为均化的操作风速必须大于颗粒的临界流化速度，而颗粒的临界流化速度与颗粒的粒径和密度成正比，因此若颗粒粒径或密度过大，则需要很大的操作风速，会使能耗迅速增加。

重力式气力均化作用完全是由粉料的重力流动产生的，而纯粹的重力均化只能使料仓中心部分的物料受到均化作用，而且主要是轴向均化作用。为了克服这一缺点，可采用外管重力式气力均化装置，如图 7-14 所示。

这种装置以料仓和下部的集料斗为主体，在料仓周围的不同高度上，沿着螺旋方向装有多个外管，可在多种高度上取出靠近仓壁的粉料并使其流向集料斗。料仓中心部分的粉料则从底部的中央出口直接流入集料斗，从而可使来自多处的粉料在集料斗中进行均化。均化后的粉料在风机的作用下，再次被送入料仓，继续进行同样的均化。经过多次反复之后，就能达到使粉料均化的目的。

这种装置仅适用于流动性很好的粉料的均化，为了提高均化效果，要在结构设计上保证外管内粉料流速均匀、稳定，而且各料流在集料斗处汇合时不宜相互冲击，以免扰乱重力混合的进行。

输送床气力均化装置结构如图 7-15 所示，该装置工作时，有两股气流进入均化筒内，一股是输送气流,从喷嘴进入导向管,将均化筒下部的粉料带到上部,在折流风帽处使粉料分散后折向环形区。另一股是松动气流,经充气室通过透气层进入环形区,使环形区的粉料松动,易于下移。这两股气流在均化筒顶部汇合后进入膨胀仓,由于在膨胀仓中气流速度下降,颗粒较大的粉料就落回均化筒内,而颗粒较小的细粉则随气流从含尘气出口排出,经收尘器净化后排入大气。经过一段时间后,均化质量合格的粉料从底部卸出。

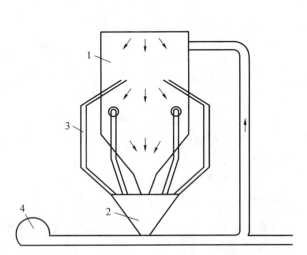

图 7-14 外管重力式气力均化装置简图
1—料仓;2—集料斗;3—外管;4—风机

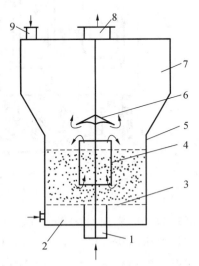

图 7-15 输送床气力均化装置简图
1—喷嘴;2—充气室;3—透气层;
4—导向管;5—均化筒;6—折流风帽;
7—膨胀仓;8—含尘气出口;9—进料口

粉料在导向管内处于输送床的状态,因此,导向管内气体的流速应大于临界输送速度,管内的空隙率沿高度均匀分布,为 0.85～0.99。折流风帽具有分散粉料的作用,使粉料向四周呈辐射状分散,并在重力的作用下落到环形区,然后下移到导向管的底部,在这里粉料可受到径向均化的作用。在输送气流的作用下,粉料又沿导向管上升,进行下一次循环。这样粉料就在均化筒内形成了有规律的强制循环运动,受到均化的作用。

2. 连续式气力均化库

在制备粉料的整个工艺流程中,通常要应用粉碎、分级、输送、收集和混合(均化)等单元操作。除混合(均化)之外的其他单元操作都是连续作业的,因此,为了使整个生产粉料的工艺流程实现连续作业,并向大型化和自动化方向发展,就要求混合(均化)作业也能连续操作。连续式气力均化库正是顺应这种客观需要而逐步发展起来的。

连续式气力均化库可以由几个均化库并联或串联组成,也可只用一个均化库来实现粉料均化作业的连续化,即在化学成分波动较大的粉料进库的同时,可以从库底或库侧不断卸出成分均匀的粉料。

各种连续式气力均化库的库顶都设置有相应的进料装置,能够保证连续而稳定地给料,并能将粉料均匀地分布在均化库的整个横截面上。在库底则设置有不同类型的充气装置，并结合库底的特殊结构使粉料在库内产生重力均化、气力均化等均化作用，使出库的粉料达到所要求的均化效果。

由于连续式气力均化库只能缩小入库粉料成分的波动范围，而不能起到校正、调配的作用，而且均化的时间不像间歇式气力均化库那样可以调节，因此要使连续式气力均化库达到预期的均化效果，必须严格控制入库粉料的成分，并保证在一定时间内的平均成分符合质量要求，其波动值也不能过大。例如在矿山开采时将不同成分的原料搭配使用，对原料进行均化处理等。

连续式气力均化库的优点是工艺流程简单，占地少，布置紧凑，操作控制方便，易于实现自动化，基建投资少，耗电量少，操作维修费用较低。主要的缺点是对生产工艺变化的适应性较差，当入库的粉料的成分发生偶然的大幅度的波动时，会引起出库粉料成分的波动值超标；此外，当其均化效果低于间歇式气力均化库时，在连续生产过程中也不便于维修。

1) 串联及双层连续式均化库

早期的连续式均化库就是将两个空气搅拌库串联起来，加上 1～2 座储存库，组成连续式空气均化库系统，均化库的库壁上部设有溢流卸料口，入库粉料先进入 1 号均化库，再溢流进入 2 号均化库，均化后的粉料从 2 号均化库溢出，由提升机送入储存库。

每个均化库均化效果取决于粉体在该库内停留的时间，停留的时间越长，均化效果越好，而整个系统的均化效果则为两个均化库效果之积。

这种串联的连续式均化库均化效果较好，操作简单，但电耗高，是一般间歇式气力均化库的数倍，而且基建投资也很大，现在已很少使用。

2) 混合室（均化室）均化库

为了使整个生产工艺流程实现连续作业，并向大型化和自动化方向发展，就要求均化作业也能连续操作。连续式气力均化库正是顺应这种客观需要而逐步发展起来的。图 7-16 所示是常用的均化室均化库，此类均化库是 20 世纪 60 年代末 70 年代中期发展起来的一种连续式气力均化库，库的容量很大，可以同时起到均化和储存的作用。

均化室均化库都是由一个圆筒形的大储存库和底部中间的一个小均化室组成的。均化室的容积为整个均化库容积的 3%～5%。库的底部装有特殊的进料系统，底部设有由若干个充气箱组成的充气装置。粉料在进料系统的作用下，在库内均匀地形成较薄的料层，入库粉料成分的波动情况决定了各料层成分的波动值。在均化室底部设有一个高位溢流出料管和一个低位出料管，高位溢流出料管的高度约为均化室内停止充气时料层高度的 80%。在均化库正常工作的过程中，均化室上部的粉料均化程度高于底部，经气力均化后的粉料由高位溢流出料管出料。低位出料管的下部装有库底下料器，一般只在叶轮下料器发生故障时或者要将均化室内粉料全部卸空时使用。

此类均化库的均化过程分为两个阶段，第一阶段为重力均化阶段。均化室外面的环形区底部分为若干个区域，当各区域轮流充气时，充气区上部的粉料产生局部活化，随着充气区的不断变换，环形区的粉料就会轮流向库中心流动，通过均化室底部的进料孔进入均化室。在粉料进入均化室的过程中，外库的粉料产生均匀的旋涡状塌落，从而形成穿过各料层的漏斗状料流。原先平行的料层由水平状态逐渐变成倾斜状，到达库底时，

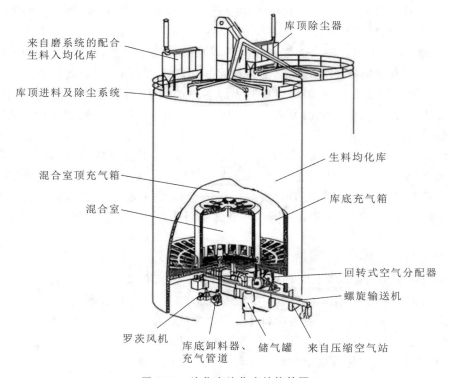

图 7-16 均化室均化库结构简图

料层几乎处于垂直状态,这就使得在进入均化室之前,不同时间入库的粉料都产生了较好的重力均化作用。经过重力均化后的粉料,进入均化室,进行第二阶段均化即气力均化。

均化室内的均化过程与间歇式气力均化过程类似,均化室内充气方式可分为四种,即 1/4 充气法、1/2 充气法、1/4 强弱气充气法和 1/8 强弱气充气法。其中 1/4 强弱气充气法是将库底分为四个扇形区域,在一个区域充强气,使粉料处于流化状态,在其余三个区域充弱气,其目的是使粉料处于松动状态。这种形式的充气方式均化效果好,而且耗气量较低,应用最为广泛。

分析上述两类粉体混合设备的混合机理可知,强制式混合设备使粉体物料在旋转桨叶或气流作用下产生复杂运动而实现强制混合,机械强制式混合设备的混合强度较大,可以降低粉体物料特性对混合效果的要求与影响,但其清扫工作较复杂。而气力混合设备则是利用高速气流使物料受到强烈翻动或高压气流在容器中形成对流流动而使物料混合,气力混合与机械混合相比具有许多优点:①粉料中的每个粒子都能在气流的强制作用下充分分散开来,从而有利于提高粉体混合质量;②在功率消耗的正常范围内,机械混合设备的工作容积一般为 20~60 m^3,而气力混合设备却可高达 10000 m^3;③气力混合设备内部没有运动部件,维修简单方便;④气力混合设备的功率消耗低于机械混合设备。

总之,气力混合设备是一种以对流混合机理为主的干粉物料混合设备,尤其适合于粉状细颗粒物料的混合。气力混合有两个主要特点:一是气力混合所需要的操作风速要比粉料的临界流化速度高,这主要是因为颗粒的临界流化速度与粒径的平方成正比,与其真密度成正比,因此,如果要对粗颗粒、大密度的物料进行气力混合,则需要极大的操作风速;二是气力混合适用于弱黏性的粉体物料的混合,因为气力混合中产生的颗粒涡流容易使粉料中的细小颗粒在上下翻动中重新团聚,而弱黏性粉料所形成的球粒,其结构强度不会很高,受到不断运动的旋流空气的冲击作用后,不会形成粒径很大的球粒,影响库内粉体物料的整体混合效果。

在选择均化库的类型时,要综合考虑生产工艺技术条件、原料成分的波动情况及其他粉料制备环节的均化条件、粉磨系统出料的情况及均化周期、整个粉料制备系统的合理匹配等技术方面的因素,还有经济、管理等方面的因素,进行全面的分析和比较,这样才能确定一种比较适合于设计任务、条件和实际情况的均化库。

本章思考题

1. 请简述粉体混合的目的和意义。
2. 粉体混合的基本原理是什么?
3. 粉体混合是粉体制备过程中基本的操作单元之一,影响混合的因素有哪些?
4. 如何提高粉体混合的均匀程度?
5. 请简要说明如何防止混合过程中的离析现象。
6. 粉体机械混合的设备主要有哪些类型?各自的特点是什么?
7. 气力混合与机械混合相比,有哪些优缺点?

第8章　粉体的输送

粉体的输送是通过特定的设备和相关技术手段及方法将粉状物料输送到预定位置的过程。粉体的输送系统在现代工业生产中有着至关重要的作用，它确保了生产过程的连续性和稳定性。

首先，在化工、制药、食品等行业中，许多生产过程都涉及粉状物料的输送，而传统的人工搬运方式效率低下，且容易出错。通过粉体输送系统，可以实现自动化、连续化的物料输送，减少人工操作，提高生产线的整体效率。

其次，粉体输送系统可以实现自动化控制，减少人工操作的需求，从而降低劳动强度。对于需要频繁搬运粉状物料的岗位，工人可以通过操作控制系统来完成输送任务，避免繁重的体力劳动。这不仅改善了工人的工作环境，还提高了他们的工作满意度和安全性。

再次，粉体输送系统可以实现对物料的精确计量和均匀混合，从而保证产品的质量稳定。在制药、食品、建工建材等行业中，物料的精确计量和均匀混合对于产品的质量和安全性至关重要。通过应用粉体输送系统，可以确保物料在输送过程中的稳定性和一致性，避免因人工操作不当而导致的质量问题。

另外，在化工、建材等行业中，粉状物料在输送过程中容易产生粉尘污染，对环境和人体健康造成危害。粉体输送系统通常采用密闭式设计，避免其泄漏到环境中，从而保护生态环境和工人的健康。

最后，粉体输送系统的研究和发展不仅可以推动相关技术的创新，还可以促进相关产业的升级。随着科技的进步和工业生产需求的不断提高，粉体输送系统必将需要不断适应新的生产环境和物料特性。

粉体的输送多基于流体动力学原理进行设计，根据物料特性和输送距离的不同，粉体输送可以采用多种方法和技术，如机械输送、气力输送和真空输送等。

8.1　机械输送

粉体的机械输送是工业生产中最常见的一种粉状物料输送方式，它主要通过机械设备如螺旋输送机、带式输送机、斗式提升机等来实现粉状物料的连续、自动输送。

8.1.1　螺旋输送机

螺旋输送机是一种利用电动机带动螺旋回转，推移物料以实现输送目的的机械。它能水平、倾斜或垂直输送，具有结构简单、横截面积小、密封性好、操作方便、维修容易、便于封闭运输等特点。

螺旋输送机在输送形式上分为有轴螺旋输送机和无轴螺旋输送机两种，在外形上分为U形螺旋输送机和管式螺旋输送机。不同类型的螺旋输送机适用于不同的物料和应用领域。典型的螺旋输送机结构如图8-1所示，由螺旋杆、筒体、进/出料口和驱动装置等组成,具有水平式、倾斜式和垂直式三种形式,可以进行无黏性的干粉物料和小颗粒物料的输送,如水泥、粉煤灰、石灰、粮食等。

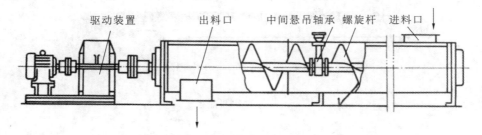

图 8-1　螺旋输送机结构示意图

螺旋输送机的工作原理是旋转的螺旋叶片将物料进行推移,由于物料自身重力和螺旋输送机机壳对物料的摩擦阻力,物料不与螺旋叶片一起旋转。螺旋叶片的面型根据输送物料的不同有实体面型、带式面型、叶片面型等形式。

螺旋输送单机输送长度可达 60 m 左右,可根据客户需求进行多级串联式安装。通过垫圈避免气体进入,保证物料在输送过程中的环境卫生,避免异味传出。另外,螺旋输送可进行单点或多点加料,实现下方或上方出料。

螺旋输送机广泛应用于粮食、建筑材料、化学、机械制造、交通运输等行业领域,特别适用于输送化工行业中有污染性、挥发性、流动性的物料。例如,可输送建材行业的水泥等流体物料以及粮食行业的粉末和小颗粒物料,并可进行有效的搅拌和混合,节省大量的人力资源。

8.1.2　带式输送机

带式输送机也称皮带输送机,其利用连续而具有挠性的输送带不停运转来输送物料。皮带输送机可以进行水平、倾斜和垂直运输,适应不同的输送需求。皮带输送机外形如图 8-2 所示。

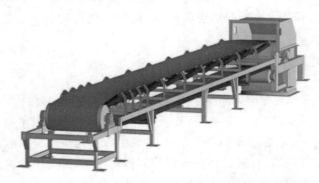

图 8-2　皮带输送机外形

皮带输送机结构示意图如图 8-3 所示。当启动设备时,电动机作为动力源,通过减速器将动力传输到驱动滚筒上;驱动滚筒在接收到动力后开始旋转,通过摩擦力带动输送带(皮带)一起旋转。输送带通常由橡胶、帆布或金属丝等材料制成,具有一定的张力和强度,以承受物料的重力和输送过程中的各种力。物料从进料槽放置在输送带上,随着

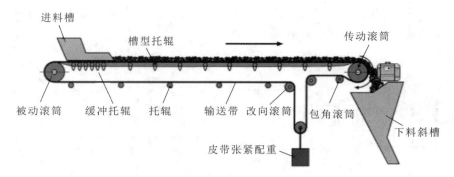

图 8-3　皮带输送机结构示意图

输送带的运动,物料在摩擦力的作用下随输送带一起向前运动。这一过程中,物料与输送带之间的摩擦力以及物料之间的相互摩擦力确保了物料能够在输送带上稳定运行,避免滑落或堆积。在输送过程中,输送带沿着导向装置(如托辊、导向轮等)运动,这些导向装置不仅起到支承输送带的作用,还确保输送带能够按照预定的轨迹运动,特别是在水平或稍微倾斜的情况下。而在垂直输送过程中,物料可能需要通过特定的托辊或导向器来维持对称性和均匀分布。皮带输送机还配备了张力装置和清扫装置等辅助部件。张力装置用于调整输送带的张力,保持皮带输送机的合适张力;清扫装置则用于清除输送带上黏附的物料,保持皮带输送机的清洁和正常运行。

在整个输送过程中,输送带始终保持连续运动,将物料从进料端输送到出料端。当物料到达出料端时,由于输送带的运动方向改变或物料的重力作用,物料会从输送带上卸载下来,完成整个输送过程。

皮带输送运输量较高,能够满足大规模生产的需求;各部分摩擦阻力小,动力消耗低,运行成本相对较低;运输过程中中转环节少,输送效率高;在机体全长的任何地方均可装料与卸料,灵活性高,并且安装与维修方便,使用可靠;但倾斜运输时坡度有限制,一般只进行直线运输,对复杂地形的适应性较差,选择和使用时也需要根据具体需求和条件进行综合考虑。

8.1.3　斗式提升机

斗式提升机是一种利用均匀固接于无端牵引构件上的一系列料斗,竖向提升物料的连续输送机械。

斗式提升机的结构示意图如图 8-4 所示,主要由以下几个部分组成。

(1) 料斗:用于装载物料,通过链条或胶带的传动作用,带动提升机上升。

(2) 牵引构件:如链条或胶带,负责将料斗提升至指定高度。

(3) 驱动装置:包括电动机、减速器、联轴器等,为提升机提供动力。

(4) 张紧装置:用于保持链条或胶带的稳定,防止其松弛或振动。

(5) 机壳:保护提升机的内部构件,防止灰尘、水分和气体入侵。

斗式提升机的工作过程主要包括升降、传输和卸料三个步骤:当驱动装置启动时,牵引构件(如链条或胶带)开始运动,带动料斗中的物料上升至指定高度;在升降过程中,物料被稳定地传输至高处,并通过链条或胶带的协同作用,出现在卸料口;当物料到达目标位置后,通过导流嘴或卸料门等装置,物料以匀速或快速的方式从料斗中倾泻而出,完成卸料任务。

斗式提升机根据其结构特点和应用领域的不同,可以分为多种类型,如环链型、板链型和皮带型等。不同类型的斗式提升机在输送能力、提升高度、适用范围等方面存在差异。

8.2 气力输送

气力输送,又称气流输送,是一种利用气流的能量在密闭管道内沿气流方向输送颗粒状物料的输送方式。气力输送是流化技术的一种具体应用,在密闭的管道中借用气体(最常用的是空气)动力使固体颗粒悬浮并进行输送,输送对象通常可以是从微米量级的粉体到数毫米大小的颗粒。

8.2.1 气力输送系统的组成

气力输送系统的组成如图 8-5 所示,主要包括动力源、供料装置、输送管道、分离装置、控制系统等部分,是一个由多个部分组成的复杂系统,各部分之间相互协作,共同完成物料的气力输送过程。

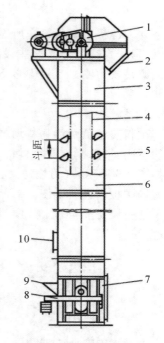

图 8-4 斗式提升机结构
1—驱动装置;2—卸料口;3—上部区段;
4—牵引构件;5—料斗;6—中部机壳;
7—下部区段;8—张紧装置;
9—进料口;10—检视门

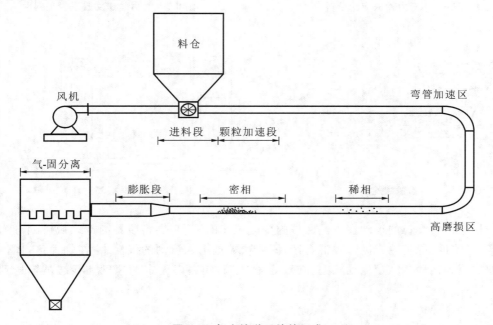

图 8-5 气力输送系统的组成

1. 动力源

动力源提供气力输送所需的气流动力。常见的气源设备有罗茨风机、压缩机、鼓风机、风扇和真空泵等。这些设备能够产生稳定的气流,为物料的输送提供充足的动力。动力源是气力输送系统中必不可少的元件,其性能和稳定性直接影响整个系统的输送效率和效果。

2. 供料装置

供料装置负责将物料均匀、稳定地送入输送管道。供料装置根据物料特性和输送要求的不同,可选择旋转给料机、螺杆加料器、仓泵、文丘里喷嘴等设备。气力输送旋转给料如图 8-6 所示,气力输送文丘里管进料如图 8-7 所示,气力输送螺旋加料如图 8-8 所示,气力输送板阀进料如图 8-9 所示。

这些设备能够精确控制物料的进料量和进料速度,确保物料能够顺利进入输送管道。

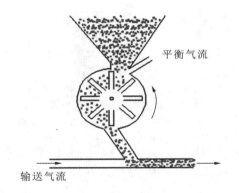

图 8-6 气力输送旋转给料

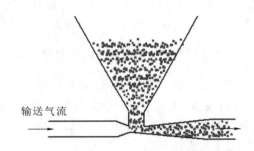

图 8-7 气力输送文丘里管进料

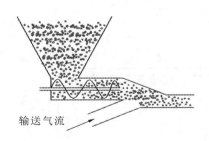

图 8-8 气力输送螺旋加料

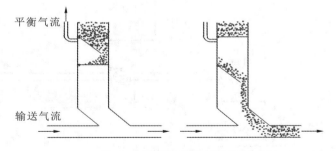

图 8-9 气力输送板阀进料

根据物料颗粒的运动在不同区域内变化规律的不同,供料装置内部区域可划分为混合区、加速区、稳定输送区。在混合区,固体颗粒被引入流动的气流中;在加速区,固体颗粒被加速到某种"稳定"流动状态;在稳定输送区,物料以稳定的速度和状态被输送到下一环节。

3. 输送管道

输送管道作为物料气力输送的通道,一般由耐磨、耐腐蚀的材料制成,其直径和形状会根据输送物料的特性和输送量进行设计。此外,输送装置还包括弯头、膨胀节等连接和调节元件,用于调节气流和管道连接。输送管道的设计和材料选择将直接影响材料的输送效率,因此在设计初期应仔细考虑。

4. 分离装置

分离装置是确保物料纯净度和系统稳定运行的关键部件,气力输送分离装置的作用是将物料与输送气体分离,常见的有旋风分离器、布袋除尘器等。旋风分离器利用离心力将物料从气流中分离出来;布袋除尘器则通过滤袋将气流中的粉尘颗粒截留下来。

5. 控制系统

控制系统对整个气力输送系统进行监控和控制,包括调节气流速度、控制供料量、监测系统压力等参数,确保系统稳定运行。控制系统还可以实现自动化控制,提高输送效率和降低人工成本。

8.2.2 气力输送系统的类型及其特点

根据不同的分类方式,气力输送系统可以分为多种类型,每种类型都有其特点。气力输送按照工作原理可分为吸送式气力输送、压送式气力输送、组合式气力输送等;按物料在管道中的密集程度可分为稀相输送和密相输送。稀相输送中,物料以悬浮状态进行输送,操作气速较高(约 18~30 m/s),输送距离较短(基本上在 300 m 以内);密相输送是非悬浮状态的低速输送,固气比大于 25,操作气速较低,用较高的气压压送。

1. 吸送式气力输送

吸送式气力输送装置是一种利用低于大气压的空气流(即负压)来输送物料的气力输送系统。这种装置通过产生负压环境,将物料从一处吸入并通过管道输送到预定位置。吸送式气力输送系统示意图如图 8-10 所示。

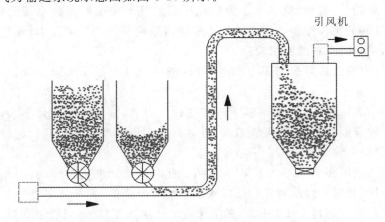

图 8-10 吸送式气力输送系统

吸送式气力输送利用风机在管道内产生负压,使物料被吸入并沿着管道流动,这种气力输送方式可以由多处向一处输送,也可以从低处或狭窄处吸取物料。为了防止空气泄漏和粉尘外溢,整个系统需要良好的密封性能。吸送式气力输送供料方式非常灵活,可以通过不同的供料器(如吸嘴、吸料斗等)来适应不同物料的吸取。但是,由于负压的限制,吸送式气力输送的输送距离和输送量相对有限,并且输送后的空气需要经过除尘处理后才能排放或循环利用。

2. 压送式气力输送

压送式气力输送,也称为正压输送,是一种利用压缩空气作为动力源,将物料从输送起点输送至预定位置的输送方式。压送式气力输送系统示意图如图 8-11 所示。

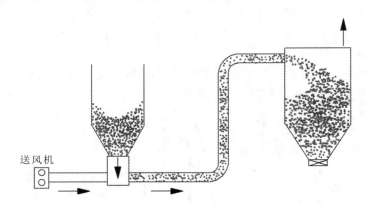

图 8-11 压送式气力输送系统

压送式气力输送装置的工作原理是将压缩空气在发送器内与物料混合,使物料流化并形成气-固混合物。随后,在压缩空气的推动作用下,物料沿输送管道前进,实现物料的输送。这一过程中,物料在管道内以悬浮的形式被气流输送到预定位置。

压送式气力输送能够实现较远距离的物料传输,适合长距离输送需求,同时压送式气力输送适合大量物料的连续输送,能够满足大规模生产的需求,可输送多种不同物理性质的物料,如粉状、粒状、块状等。为确保压缩空气不泄漏并维持系统的高效运行,整个系统需要良好的密封性能。压送式气力输送需要精确控制气源压力、流量等参数以保证输送效果,对控制系统的要求较高。

压送式气力输送装置根据压力的大小,可进一步分为低压输送、中压输送和高压输送三种形式。

低压输送:表压在 0.05 MPa 以下。在这种压力下,空气密度变化不大,但输送速度可能较高,导致管壁磨损剧烈、耗气量大,并且对除尘器的要求也较高。这种输送方式一般适合中短距离的输送。

中压输送:表压在 0.05~0.1 MPa 之间。此时输送速度仍然较高,但相对于低压输送,其管道磨损、耗气量以及对除尘器的要求可能有所降低。

高压输送:表压超过 0.1 MPa。高压输送的输送速度较低,但管道磨损小,物料破碎率低,耗气量小,非常适合于长距离、大批量的输送。

气力输送管道的设计压力因不同物料和管径的要求而异,但一般在 0.05~0.2 MPa 之间。具体的设计压力取决于管道的材质、尺寸、工作条件以及所需输送物料的特性。根据经验,当气流速度在 20~30 m/s 之间时,管道的设计压力可以取 0.05 MPa;当气流速度在 30~40 m/s 之间时,管道的设计压力可以取 0.1 MPa;当气流速度在 40~50 m/s 之间时,管道的设计压力可以取 0.2 MPa。

在压送式气力输送过程中,会存在多种压力损失,这些损失需要在设计系统时充分考虑,以保证系统有足够的气源压力。这些压力损失主要如下。

空气和物料的摩擦损失:这是由空气和物料与管壁之间的摩擦造成的。

物料加速时的压力损失:物料从静止到运动并达到稳定的输送速度需要消耗相应的气流能量,导致压力损失。

弯头等管件的压力损失:由于惯性和离心力的作用,空气和材料在通过弯头等管件时会与管壁发生碰撞并重新分配方向,导致压力损失。

配套部件和设备的压力损失:如消声器、料气分离器、除尘器等辅助设备也会消耗气源能量并造成压力损失。

总之,在设计压送式气力输送系统时,需要根据实际需求和物料特性来确定合适的输送压力和气流速度,同时需要充分考虑系统中可能存在的各种压力损失,并选用合适的设备和部件来降低这些损失。

3. 组合式气力输送

组合式气力输送是一种结合了负压式气力输送与正压式气力输送特点的组合式输送方式,如图 8-12 所示。

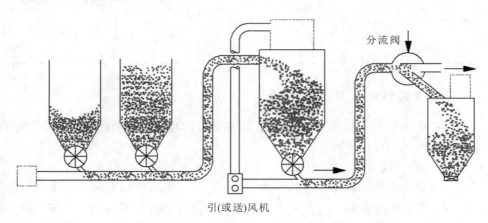

图 8-12 组合式气力输送系统

组合式气力输送系统通过吸嘴或类似装置将物料与空气一同吸入管道,并利用气流的推动作用将物料输送至目标位置。在输送过程中,物料首先从负压区域被吸入,随后进入正压区域并被进一步推动前进,直至到达卸料点。这种输送方式集合了吸送式和压送式两种气力输送的优点,既可以从多处吸入物料,又可以将物料输送到较远的地方。

综上,只要储备充足的原料,气力输送系统即可实现连续输送,通过管道将粉粒料输送至各个生产环节,提升生产效益。而且气力输送系统组成简单,管道可充分利用空间,灵活布置于厂房内,输送方向灵活,可通过正压、负压等多种方式调节,实现由数点集中送往一处,或由一处分散送往数点,大多数气力输送系统采用自动控制系统,符合智能工厂、现代工厂的需求。

气力输送与其他输送方式的性能比较如表 8-1 所示。

表 8-1　气力输送与其他输送方式的性能比较

项目	气力输送	带式输送	链式输送	螺旋输送	斗式输送
物料飞散	无	可能有	可能有	可能有	可能有
混入其他杂质和污损情况	无	可能有	无	可能有	可能有
积存物料	无	无	有	有	有
输送线路布置	灵活	直线型	直线型	直线型	直线型
输送线路中间分支	灵活	困难	困难	困难	不可能
倾斜和垂直输送	灵活	倾斜度有限制	制造复杂	可能	可能
输送管道面积	小	大	大	大	大
维修	容易（主要是弯头）	维修量较小	维修量大	维修量大	仅维修斗及链条
输送物料最高允许温度/℃	600	50	150	150	150
输送物料最大允许粒径/mm	50 以下	无特殊要求	50	50	50
输送距离/m	<2000	<9000	<60	<70	<80

8.2.3　气力输送系统风机的选用

气力输送系统风机的选用是一个复杂且关键的过程，它直接影响到系统的运行效率、稳定性和经济性。

1. 风机特性曲线

风机特性曲线是描述风机性能的重要工具，它表示了风机在不同工况下，其体积流量、风压、转速及效率等参数之间的关系。风机特性曲线是通过实验或计算得到的，反映了风机在不同负荷下输出风量、风压、电功率等参数的变化关系。

曲线的横轴通常表示风量，纵轴表示风压或电功率。风机特性曲线通常包括最大风量曲线、最大静压曲线、最大效率曲线等，这些曲线共同构成了风机的完整性能图谱，离心式通风机在转速为 2900 r/min 时的特性曲线如图 8-13 所示。

风机特性曲线可以用来评估风机的可靠性、效率、噪声等性能。通过曲线的形态和参数值，可以直观地了解风机在不同工况下的表现。根据特性曲线的分析结果，可以确定风机的设计范围和工作范围，以及最佳工作点。这有助于优化风机的设计和运行，提高其效率和经济性。在选择风机产品时，可以通过对比不同品牌和规格风机的特性曲线，快速评估其性能，并选择符合需求的最佳方案。在实际运行过程中，可以利用风机特性曲线对风机进行调速控制，使其运行在最优点附近，从而节约能源，降低噪声，延长使用寿命。

2. 风机特性曲线与流型图上的压降特性曲线适配

气力输送系统流型图上的压降特性曲线对于系统的设计和运行管理具有重要意义。

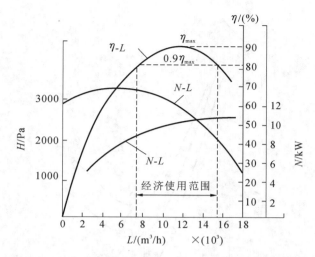

图 8-13　离心式通风机在转速为 2900 r/min 时的特性曲线

通过绘制和分析不同条件下的压降特性曲线，可以确定系统的最佳运行参数（如流速、流量、压力等），以实现高效、稳定、经济的输送效果。同时，还可以根据压降特性曲线的变化来监测系统的运行状态和故障情况，及时采取相应的措施进行调整和维修。

风机特性曲线与流型图上的压降特性曲线的适配，本质上是调整风机的运行参数（如转速、叶片角度等），使风机在特定工况下产生的风压和风量能够匹配流体流动过程中所需的压降和流量。

在气力输送系统中，风机的风压需要克服物料在管道中流动时产生的各种阻力（如摩擦阻力、重力压降、颗粒与管壁的碰撞与摩擦压降等），以确保物料能够顺利输送。适配良好的风机特性曲线与压降特性曲线可以确保系统高效、稳定运行。风机的风压不足或过大，都会导致系统性能下降，甚至引发故障。通过适配，可以优化风机的选型、设计和运行管理，降低系统的能耗和运行成本。

适配的过程主要包括以下步骤。

（1）理论计算：根据流体力学原理和物料特性，计算流体在管道中流动时所需的压降和流量。

（2）试验测试：通过实际测试得到风机在不同工况下的性能参数，绘制出风机特性曲线。

（3）曲线匹配：将计算得到的压降特性曲线与实验得到的风机特性曲线进行对比，找到最佳的匹配点。

（4）调整优化：根据匹配结果，调整风机的运行参数（如转速、叶片角度等），使风机在最佳工况下运行。

如图 8-14 所示，加料量为 G_1 时，风机Ⅱ和风机Ⅰ均能满足稀相输送的操作条件；加料量增加到 G_2 时，风机Ⅰ已不能满足稀相输送的条件；加料量增加到 G_3 时，两台风机都不能满足稀相输送的条件。风机特性曲线越陡峭（如正位移式风机），在稀相输送区操作范围内颗粒加料量的调节余地越大。

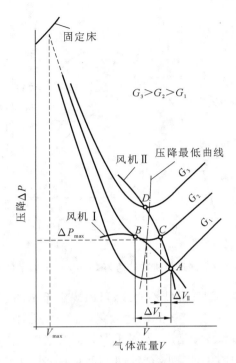

图 8-14　风机特性曲线与压降特性曲线的对比

本章思考题

1. 请简述带式输送的工作原理及其特点。
2. 请简述螺旋输送的工作原理及其特点。
3. 请简述斗式提升机的工作原理及其特点。
4. 气力输送系统通常由哪几部分组成？各组成部分有哪些常用的装置？
5. 请简述气力输送系统类型及其特点。
6. 什么是风机特性曲线？简述其主要作用和意义。
7. 请简述风机特性曲线与流型图上的压降特性曲线的适配方法。

第 9 章　粉体的数值模拟

党的二十大报告提出"不断提高战略思维、历史思维、辩证思维、系统思维、创新思维、法治思维、底线思维能力"。所谓创新思维,是指突破旧有的不符合客观实际的思维定式局限,以超常规甚至反常规的思维维度思考分析研究问题,提出解决问题的新思路和办法。

粉体是由许多细小颗粒相互作用而形成的多分散的集合体,由于粉体这种特殊的性质,在粉体的生产实际操作单元中,许多机理研究工作仍然处于探索研究阶段,如粉体的储存、输送过程中常见的偏析问题以及结拱机理研究,粉体物质的分离、混合以及调控研究,粉体流动的力学行为研究,粉碎过程中的颗粒力学行为研究等。在传统研究方法中,完全依赖粉体试验得到有关物理量的难度很大,基于相关试验得到的结果也不可能完全与生产实际过程中出现的粉体行为和现象相符。为此,必须借助计算机仿真、数值模拟等创新手段对粉体的各种物理特性进行有效评价和确认,从而实现粉体力学行为的计算机模型化。

数值模拟计算使得各种粉体现象的计算机模拟成为可能,数值计算方法可以研究并解决更为复杂的粉体问题,且能够模拟更符合生产实际的过程。首先,对于依靠试验不能观测的物理量,例如,流动的粒子群瞬时的速度分布、空隙率分布、配位数分布、构成粒子的回转速度分布等状态量,可以通过数值模拟的手段随时随地获得结果。其次,对于装置的几何形状或尺寸等参数需要经常变动的试验,建立实际的试验装置很必要,考虑时间问题或经济成本,通过数值模拟试验便可从试验条件的关键点入手,获得各种试验条件下的结果。最后,对于实验室内无法进行的试验或者自然界内不可能发生的假想试验,可以通过数值模拟的方法来完成。例如,固体内原子的扩散试验、颗粒间界面的能量推算、粒子群流动过程中单个粒子的速度与宏观观测的粒子群的流动速度之间的关系等,都可通过数值模拟的方法得到相应的结果。

数值模拟分析研究可以提供工程设计、生产管理、技术改造中所必需的参数,如流体阻力(阻力损失)、流体与固体之间的传热量(散热损失等)、气体、固体颗粒的停留时间,产品质量,燃尽程度,反应率,处理能力(产量)等综合参数以及各种现场可调节量(如风量、风温、组分等)对这些综合参数的影响规律;还可以提供流动区域内精细的流场(速度矢量)、温度场、各种与反应进程有关的组分参数场,通过对这些场量的分析,可发现现有装置或设计中存在的不足,为创新设计、改造设计提供依据。

目前,数值模拟技术在各个领域的应用已经取得了巨大的成功,包括对各种武器的设计研究、汽车的外形及发动机的设计、各类流化床的设计、风机结构的设计等。

然而,粉体的数值模拟是一个复杂的领域,它涉及颗粒材料(如粉末、沙粒、谷物等)的行为模拟。这些材料在自然界和工业过程中广泛存在,其特性包括非连续性、非线性、多尺度以及颗粒间相互作用等,这使得难以直接应用传统的连续介质力学方法。因此,有必要发展一系列针对粉体材料的数值模拟方法。

9.1 粉体的数值模拟方法

9.1.1 离散元法

离散元法（discrete element method，DEM）是最常用的粉体数值模拟方法之一。

离散元法是一种专门用于解决不连续介质问题的数值模拟方法。该方法由美国 Cundall 教授提出，主要用于模拟和分析颗粒物质如沙子、谷物、土壤等的物理行为。

离散元法将粉体看作由离散元素（即颗粒）组成的个体，通过考虑颗粒间的相互作用和力学行为，来模拟粉体在不同工程环境下的力学响应和运动。具体而言，它把整个刚性块体划分为一个或多个独立存在的离散单元，每个单元具有本身独有的特征。在介质的受力与运动过程中，每个单元都遵循相应的能量变化规律、受力规律及运动规律。

离散元法基于牛顿运动定律和单元之间的相互作用，使用动静态松弛等方法，计算出每个单元的运动与位移，并更新所有单元的位置，最终判定是否满足时步迭代次数，从而完成对整个研究对象运动过程的求解。

也就是说，离散元法将每个颗粒视为独立的单元，通过求解每个颗粒的运动方程（包括平动和转动）以及颗粒间的相互作用力（如接触力、摩擦力、黏附力等）来模拟整个粉体系统的行为。

离散元法的一般求解过程包括以下几个步骤。

1）离散化

将求解空间离散为离散元单元阵，并根据实际问题用合理的连接元件将相邻两单元连接起来。

2）确定力与位移关系

单元间相对位移是基本变量，由力与相对位移的关系可得到两单元间法向和切向作用力。

3）运动方程求解

对单元在各个方向上与其他单元间的作用力以及其他物理场对单元作用所引起的外力求合力和合力矩，根据牛顿运动第二定律可以求得单元的加速度，对其进行时间积分，进而得到单元的速度和位移。

4）迭代计算

重复上述步骤，更新所有单元的位置，并判断是否满足时间步长迭代次数，直到完成对整个研究对象运动过程的求解。

离散元法因其独特的优势，在多个领域得到了广泛的应用。

在振动筛分领域，离散元法可用于模拟粉体、颗粒等固体材料在筛网上的筛分过程，以改进筛分设备的设计和优化。此外，在粉体和颗粒材料的输送和储存过程中，离散元法能够用于模拟和预测物料颗粒的流动和堆积行为，以改进输送和储存系统的设计与运行效率。

离散元法还可用于模拟岩体的力学行为，如岩块的平移、转动和变形，以及解理面的压缩、分离或滑动等。这对于理解岩体的稳定性和破坏机制具有重要意义。

在材料科学领域,离散元法可用于研究颗粒材料的混合、破碎和磨损等过程,为材料的设计和制备提供理论依据。

离散元法能够模拟颗粒物质在复杂边界条件下的运动和相互作用,具有较高的准确性和可靠性;该方法能够处理大位移、旋转和滑动等非线性行为,适用于多种颗粒材料系统的模拟;离散元法具有较好的灵活性和可扩展性,可以根据实际问题的需求进行定制和优化。但是,离散元法的计算量较大,特别是当颗粒数量较多时,需要较多的计算资源和较大的时间成本;另外,离散元法的模拟结果受颗粒形状、尺寸和分布等因素的影响较大,需要合理设置模型参数以确保模拟结果的准确性。

9.1.2 计算流体力学-离散元法(CFD-DEM)

计算流体力学(computational fluid dynamics,CFD)与离散元法是两种不同的数值模拟方法,各自在流体和颗粒物质模拟领域有着广泛的应用。然而,在某些复杂的多相流系统中,可能需要结合这两种方法来全面地描述流体与颗粒之间的相互作用。

CFD 是一种利用计算机模拟流体流动和热传导等物理现象的技术。它基于数值方法和算法,将连续的物理场(如速度场、温度场等)离散化,并通过求解离散化后的控制方程来预测流体流动的行为。CFD 在航空航天、汽车工程、能源、环境科学等领域有着广泛的应用,用于优化产品设计、预测性能、评估安全性等。

在某些复杂的多相流系统中,如流化床、气力输送设备、喷雾干燥设备等,流体与颗粒之间的相互作用对系统性能有着重要影响。为了准确地描述这种相互作用,研究者们开始尝试将 CFD 与 DEM 相结合,形成 CFD-DEM 耦合方法。

CFD-DEM 耦合方法的基本思想是将流体相和颗粒相分别用 CFD 和 DEM 进行模拟,并通过某种方式实现两相之间的耦合。在耦合过程中,CFD 提供流体相的速度场、压力场等物理量,DEM 则根据这些物理量计算颗粒相的运动和受力情况,并将颗粒相的反作用力传递给流体相。通过迭代计算,最终实现流体相和颗粒相之间的动态平衡。

CFD-DEM 耦合方法的求解过程是一个复杂且高度集成的数值模拟过程,它结合了 CFD 在流体流动模拟中的优势和 DEM 在颗粒物质模拟中的特点。

CFD-DEM 耦合方法求解过程主要包括以下几个步骤。

1)初始化设置

定义计算域和边界条件:定义包含流体和颗粒的计算域,并设置相应的边界条件,如入口速度、出口压力、壁面条件等。

划分网格:对流体相进行网格划分,通常使用结构化或非结构化网格。对于颗粒相,虽然 DEM 方法本身不直接依赖网格,但 CFD 与 DEM 之间的数据交换可能需要网格信息。

设置颗粒参数:包括颗粒的尺寸、形状、密度、摩擦系数等物理和力学参数。

2)流体相求解

求解流体控制方程:使用 CFD 方法求解流体相的控制方程,如质量守恒方程、动量守恒方程和能量守恒方程。这些方程通常通过数值方法(如有限体积法、有限差分法等)进行离散和求解。

更新流体场:在每个时间步长内,通过迭代计算更新流体场的速度、压力、温度等物理量。

3) 颗粒相求解

颗粒位置映射:将颗粒的位置映射到 CFD 网格中,以便计算颗粒与流体之间的相互作用力。

计算颗粒受力:根据流体场的速度、压力等物理量,计算颗粒受到的曳力、压力梯度力等。同时,考虑颗粒间的碰撞力、接触力等。

更新颗粒运动参数:根据牛顿第二定律,计算颗粒的加速度、速度和位移,并更新颗粒的位置和状态。

4) CFD-DEM 耦合

数据交换:在每个时间步长内,CFD 求解器和 DEM 求解器之间进行数据交换。CFD 求解器将流体场的信息(如速度、压力)传递给 DEM 求解器,DEM 求解器则根据这些信息计算颗粒的受力,并将颗粒的位置和受力信息反馈给 CFD 求解器。

迭代求解:CFD 和 DEM 求解器进行迭代求解,直到达到收敛条件或满足预设的迭代次数。

5) 后处理与结果分析

数据后处理:对求解结果进行后处理,包括可视化、统计分析等,以便更好地理解流体与颗粒之间的相互作用。

结果验证与讨论:将模拟结果与试验结果或理论预测结果进行对比,验证模型的准确性和可靠性。如果存在差异,则需要分析原因并进行模型调整。

6) 优化与应用

模型优化:根据模拟结果和试验数据,对模型参数进行优化,以提高模拟的准确性和效率。

应用拓展:将优化后的模型应用于更广泛的工程实际问题,如流化床、气力输送、喷雾干燥等领域。

需要注意的是,CFD-DEM 耦合方法的求解过程高度依赖于具体的软件和工具。例如,在商业软件如 ANSYS Fluent 和 EDEM 中,CFD-DEM 耦合通常通过特定的接口或模块实现。此外,求解过程的复杂性和计算成本可能因问题规模和颗粒数量的增加而显著增加。因此,在实际应用中需要根据具体情况选择合适的求解策略和计算资源。

CFD-DEM 耦合方法已经成功应用于多个领域的研究。例如,在喷雾干燥过程中,CFD-DEM 可以模拟液滴在热气流中的破碎、蒸发和干燥过程,以及干燥颗粒在气流中的运动和沉积行为。在气力输送系统中,CFD-DEM 可以模拟颗粒在管道中的流动、碰撞和磨损过程,以及气流对颗粒运动的影响。

9.1.3 光滑粒子流体动力学

光滑粒子流体动力学(smoothed particle hydrodynamics,SPH)是一种用于模拟流体和其他连续介质的无网格拉格朗日粒子方法。它通过将流体离散化为一系列相互作用的粒子来模拟流体的行为,这些粒子包含流体的质量、速度、密度、压力等物理量。SPH

方法特别适用于处理复杂边界、大变形和流体-固体相互作用等问题。

在 SPH 方法中,每个粒子都代表流体中的一个微小体积,其物理量(如密度、压力、速度等)通过邻近粒子(称为支持域或光滑核内的粒子)的加权平均来计算。这种加权平均是通过一个被称为光滑核函数(或核函数)的加权函数来实现的,该函数决定了粒子间相互作用的范围和强度。

光滑粒子流体动力学方法求解过程主要包括以下几个步骤。

1)初始化

将流体离散化为一系列粒子,并给每个粒子设置初始的物理量(如质量、速度、密度等)。

2)粒子搜索

对于每个粒子,找到其支持域内的所有邻近粒子。通常可通过空间划分技术(如八叉树、哈希表等)来加速搜索过程。

3)物理量计算

密度计算:通过支持域内粒子的质量加权平均来计算每个粒子的密度。

压力计算:根据流体的状态方程(如理想气体状态方程)和密度来计算压力。

加速度计算:根据牛顿第二定律和粒子间的相互作用力(如压力梯度力、黏性力等)来计算每个粒子的加速度。

4)时间积分

使用时间积分方法(如欧拉法、龙格-库塔法等)来更新粒子的位置和速度。

5)边界处理

处理流体与固体边界的相互作用问题,通常通过引入虚拟粒子或边界力来实现。

6)迭代求解

重复上述步骤,直到达到预定的模拟时间或满足收敛条件。

光滑粒子流体动力学方法不需要网格划分,能够处理复杂边界和大变形问题;粒子间的相互作用是局部的,易于并行计算,因此适用于多种流体和固体材料。但光滑粒子流体动力学方法计算成本较高,特别是对于大规模粒子系统;数值稳定性和精度可能受到粒子分布和选择的光滑核函数的影响。

光滑粒子流体动力学方法已广泛应用于多个领域,包括天体物理学、流体力学、海洋工程、生物医学工程等。例如,在天体物理学中,光滑粒子流体动力学方法被用于模拟恒星形成、星系演化等过程,在流体力学中,它被用于模拟水波、喷雾、爆炸等复杂流动现象。

9.1.4　蒙特卡洛方法

蒙特卡洛方法(Monte Carlo method),又称统计模拟方法或随机抽样技术,是一种以概率统计理论为指导的数值计算方法。该方法通过使用随机数(或伪随机数)来解决各种计算问题,广泛应用于自然科学和社会科学的多个领域。

蒙特卡洛方法起源于 20 世纪 40 年代,由冯·诺伊曼、斯塔尼斯拉夫·乌拉姆和尼古拉斯·梅特罗波利斯等人在洛斯阿拉莫斯国家实验室为核武器计划工作时发明。该方法得名于摩纳哥的著名赌城蒙特卡洛,因为乌拉姆的叔叔经常在那里输钱,而蒙特卡洛方法正是以概率为基础的方法。

蒙特卡洛方法的基本思想是构造一个概率模型或随机过程,使它的参数或数字特征等于问题的解,然后通过对模型或过程的观察或抽样试验来计算这些参数或数字特征,最后给出所求解的近似值。该方法的核心在于利用随机数或伪随机数进行模拟试验,以得到问题的统计解。

蒙特卡洛方法在模拟粉体行为方面具有重要的应用价值。在粉体工程中,蒙特卡洛方法已被广泛应用于颗粒流动、混合、分离等过程的模拟。例如,在喷雾干燥过程中,蒙特卡洛方法可以模拟液滴在热气流中的破碎、蒸发和干燥过程,以及干燥颗粒在气流中的运动和沉积行为,根据模拟结果,可以优化喷雾干燥工艺参数,提高产品质量和生产效率。

综上,蒙特卡洛方法通过随机抽样和概率统计的方式,能够模拟粉体颗粒的运动、碰撞、堆积等复杂行为,为粉体工程、物质科学等领域的研究提供有力支持。

1. 颗粒运动轨迹模拟

蒙特卡洛方法可以通过模拟颗粒在流体或气体中的受力(如曳力、重力、碰撞力等)情况,来计算颗粒的运动轨迹。通过随机抽样确定颗粒的初始位置和速度,然后迭代计算颗粒在不同时间步长内的受力和运动状态,最终得到颗粒的运动轨迹。

2. 颗粒碰撞模拟

在粉体系统中,颗粒之间的碰撞是常见的现象。蒙特卡洛方法可以通过模拟颗粒间的碰撞过程,来预测碰撞结果和碰撞后的颗粒状态。碰撞模拟通常涉及碰撞概率的计算、碰撞方向的确定以及碰撞后速度和角速度的变化等。

3. 粉体堆积形态模拟

蒙特卡洛方法还可以用于模拟粉体颗粒的堆积形态。通过随机放置颗粒并考虑颗粒间的相互作用(如排斥力、摩擦力等),可以模拟颗粒的堆积过程和最终形态。堆积形态模拟对于理解粉体材料的物理性质、优化颗粒堆积结构以及预测颗粒流动行为具有重要意义。

总之,蒙特卡洛方法能够用于处理复杂多变的粉体系统,包括不同形状、大小和性质的颗粒以及不同的流动条件;增加模拟的颗粒数量和迭代次数,提高模拟结果的精度和可靠性;另外,蒙特卡洛方法能够直观地展示颗粒的运动轨迹、碰撞过程和堆积形态,有助于研究者深入理解粉体行为。

蒙特卡洛方法求解过程主要包括以下几个步骤:

1) 明确问题与建立模型

首先,明确所要解决的问题,包括问题的数学模型、目标函数以及待求解的变量或参数。其次,根据问题的特性,建立相应的概率模型或随机过程。对于本身就具有随机性质的问题(如粒子输运问题),主要是正确描述和模拟这个概率模型;对于确定性问题(如计算定积分),则需要构造一个人为的概率模型,使其某些参量正好是所要求问题的解。

2) 随机抽样

使用随机数生成器(RNG)产生符合特定概率分布的随机数或伪随机数。在计算机中,这些随机数通常是通过数学递推公式产生的伪随机数,但经过统计检验后,它们具有与真正随机数相近的性质。同时,根据所建立的模型,从已知的概率分布中进行抽样,得到一组随机样本。这些样本将用于后续的模拟计算。

3) 模拟计算

将抽样得到的随机样本代入所建立的模型,进行模拟试验。这通常涉及对模型进行数值积分、迭代计算等过程,以模拟出系统或过程的动态行为。在模拟过程中,记录下每次试验的结果,如状态变量的值、能量变化等。这些结果将用于后续的统计分析。

4) 统计分析

首先,利用模拟试验得到的数据,计算各种统计量,如均值、方差、置信区间等,这些统计量将用于描述模拟结果的分布特性。其次,评估模拟结果的精度和可靠性,这通常涉及模拟次数的选择、误差分析以及收敛性判断等。当样本容量足够大时,模拟结果的精度和可靠性将得到提高。

5) 结果分析与应用

根据统计分析的结果,对模拟结果进行解释和说明,包括理解模拟结果所代表的物理意义、验证模型的有效性以及探讨模型参数的敏感性等。最后,将模拟结果应用于实际问题,如设计优化、风险评估、决策支持等。

需要注意的是,蒙特卡洛方法的求解步骤可能因具体问题的不同而有所差异。但总体而言,上述步骤涵盖了利用蒙特卡洛方法求解问题的基本流程和关键环节。在实际应用中,可以根据具体问题的特性和需求进行适当的调整和优化。

这里需要指出的是,粉体的数值模拟通常需要大量的计算资源,特别是当颗粒数量较多时。因此,在选择模拟方法和参数时需要权衡计算精度和计算成本。另外,为了降低计算复杂度,通常需要对颗粒系统进行一定程度的简化。然而,过度的简化可能会导致模拟结果失真。因此,在简化模型时需要谨慎考虑。边界条件对模拟结果有很大影响,因此,设置的边界条件需要尽可能接近实际情况。最后,模拟结果通常包含大量的数据,需要进行有效的后处理才能提取出有用的信息。因此,在模拟前需要规划好数据后处理方案。

9.2 基于 Rocky-DEM 的高压辊磨机粉碎效果数值模拟

Rocky-DEM 是一款基于离散元法的功能强大的通用计算机辅助工程(CAE)软件,主要用于模拟和分析颗粒物料的力学行为及其对物料处理设备的影响。

Rocky-DEM 可以快速、简便地进行颗粒系统的建模,包括建立真实的颗粒形状,定义颗粒的材料及其他物理特性,并支持多种中间格式的 CAD 模型的导入;Rocky-DEM 具有独特的颗粒破损模拟功能,可以预测颗粒强度和破碎过程中产生的碎片形状;Rocky-DEM 采用共享内存式多核多线程并行计算,可以充分发挥图形工作站的计算性能,不存在网络传输限制,其颗粒数量计算规模达到数百万量级。

高压辊磨机的结构如图 9-1 所示,主要包括机架、定辊、动辊、施压装置、传动装置和给料装置等。高压辊磨机的机架是支撑整个设备的主体结构,承载着辊子、压力系统等部件。定辊和动辊之间形成一个研磨区域,在它们的相对转动下物料被挤压、变形和粉碎。液压系统一方面用于控制动辊的位置以实现物料的粉碎，另一方面能缓冲过载情况，保护设备。物料从物料仓进入高压辊磨机，在重力和辊面摩擦的作用下通过辊隙从而被压缩并破碎。被磨细的物料最后从高压辊磨机的两个辊子下方排出。

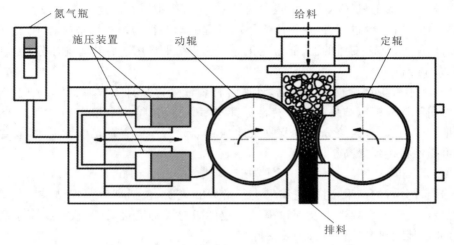

图 9-1　高压辊磨机结构

在 SolidWorks 中将高压辊磨机的仿真模型另存为 STL 文件，导入 Rocky 软件，进行前处理，仿真流程如图 9-2 所示。

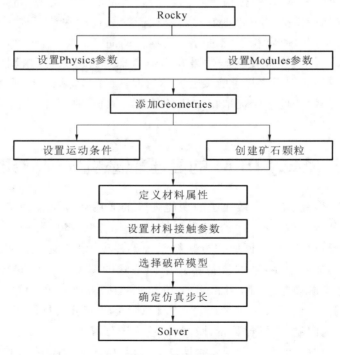

图 9-2　仿真流程

目前 Rocky 中有两种用于模拟颗粒破碎的模型：Ab-T10 破碎模型和 Tavares 破碎

模型。Ab-T10模型将每个粒子视为单独的实体,当粒子受到定义的动能值时,会立即变成碎片,适合于一些需要快速破碎的场景。而Tavares破碎模型主要基于粉碎能来描述单颗粒的破碎过程,当冲击能大于粉碎能时,物料便发生破碎。该模型捕获了粒子碰撞期间发生的各种体破碎机制,详细描述了脆性材料断裂机制的适应性,并解释了断裂概率的可变性和尺寸依赖性,而且能方便地对破碎后的颗粒进行粒径分布分析、计算平均破碎比等后处理,直观地展示破碎效果。

选用Tavares破碎模型,对0.5～0.8 s的破碎过程进行仿真,如图9-3所示,图中直观展示了高压辊磨机破碎效果和颗粒粒径大小。

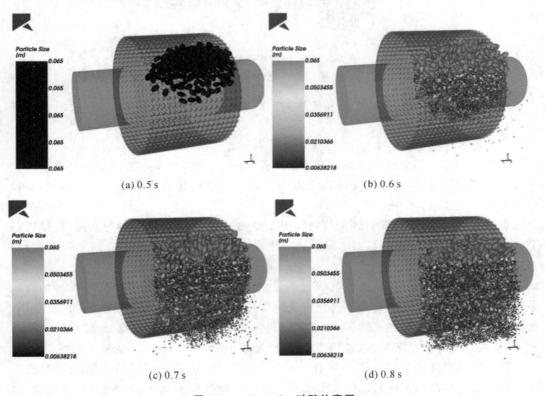

图9-3　0.5～0.8 s破碎仿真图

9.3　散料转载系统的DEM-FEM耦合分析

散料转载系统是散料运输的咽喉部位,其广泛应用于各种连续运输生产线上不同输送设备之间的衔接,达到在运输过程中改变散料输送倾角和空间的目的,同时可以控制料流速度、分流方向以及物料流量的大小,实现人力转载到机械设备自动转载的转化。典型的散料转载系统结构示意图如图9-4所示。

物料颗粒在其内的运动过程一般可以分为三个阶段:

(1) 散料经过滚筒的卸料,在滚筒的旋转运动的作用下,以近似抛体运动冲击在转载系统的挡料板上,沿着挡料板的表面滑动;

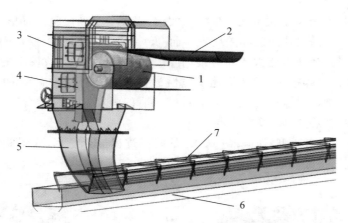

图 9-4　散料转载系统结构示意图
1—滚筒;2—送料运输带;3—溜管头罩;4—挡料板;5—溜槽;6—受料运输带;7—导料槽

(2) 物料经过挡料板的聚流和导向,在重力作用下冲击溜槽部位,然后沿着溜槽滑动;

(3) 物料落在受料运输带上,后跟随运输带运动。

物料以一定的初速度随运输带运动到卸料滚筒,当物料的离心力等于物料重力的径向分力时,其受到的运输带的支撑作用力为零,开始卸料,其卸料轨迹由滚筒转速、半径以及重力加速度等共同决定。

在散料转载过程中,设备经常与物料相互接触碰撞,产生严重磨损与变形,导致转载系统不能正常工作,尤其是转载系统的挡料板或头部护罩等受冲击力较大的部位和物料与溜槽长期接触的区域。

散料转载系统的设计主要依靠设计人员的工作经验,缺乏理论基础,所设计的转载系统的物料运动轨迹往往与实际的物料运动轨迹相差较大。随着转载系统的广泛应用,被转载的散料的种类也越来越多(如具有较高含水率的煤粉、易碎的煤块、体积较大的石灰石、粒度较小的熟石灰等),如何有效地降低转载系统的磨损越来越受到人们的重视。

散料转载系统的 DEM-FEM 耦合分析是一种结合 DEM 和有限单元法(FEM)的综合分析方法。在散料转载系统中,DEM 可以用于模拟颗粒的流动、堆积、分离等过程,以及颗粒与设备之间的相互作用;FEM 是一种用于求解连续介质力学问题的数值方法,它将连续体离散成有限个小的单元,通过求解这些单元上的力学方程来得到整个连续体的力学行为,在散料转载系统中,FEM 可以用于模拟设备(如转载机、溜槽等)的应力、应变和变形等力学行为。

DEM-FEM 耦合分析的主要目的是将 DEM 在模拟散料行为方面的优势与 FEM 在模拟设备结构力学行为方面的优势相结合,从而更全面地模拟散料转载系统的整体行为。这种耦合分析对于优化散料转载系统的设计、提高设备的耐用性和降低维护成本具有重要意义。

DEM-FEM 耦合分析的方法与步骤如下。

1) 建立模型

建立散料转载系统的三维模型,包括散料颗粒和设备的几何形状。应使用专业的建模软件(如 SolidWorks、CATIA 等)进行建模,确保模型的准确性和精细度。

2) 网格划分

将设备模型导入有限元分析软件(如 ANSYS、ABAQUS 等)中进行网格划分。根据设备的几何形状和受力特点,选择合适的网格类型和密度。

3) DEM 模拟

使用离散元法软件(如 EDEM)进行散料颗粒的模拟,EDEM 软件模块功能及求解流程如图 9-5 所示。设置颗粒的属性(如密度、粒径、摩擦系数等)和初始条件(如颗粒的初始位置、速度等)。模拟颗粒在转载过程中的流动、堆积和与设备的相互作用。

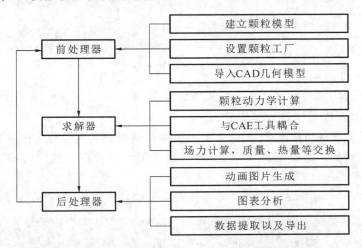

图 9-5　EDEM 软件模块功能及求解流程

EDEM 软件系统所内置的颗粒模型为球形,但是在实际工况下颗粒多为不规则的任意几何体,为提高离散元颗粒建模的准确度,可采用圆颗粒聚合体的方法建立实际颗粒的仿真模型,并导入 EDEM 中,利用球形颗粒进行填充,得到颗粒仿真模型。

4) 数据传递

将 EDEM 模拟得到的颗粒对设备的作用力(如接触力、摩擦力等)数据导出,将这些数据作为载荷输入有限元分析软件,进行设备的结构力学分析。

5) FEM 分析

在有限元分析软件中,对设备进行结构力学分析。求解设备的应力、应变和变形等力学参数。根据分析结果,评估设备的强度和刚度是否满足要求。

6) 结果评估与优化

根据 DEM-FEM 耦合分析的结果,评估散料转载系统的整体性能。针对存在的问题,提出优化设计方案,并进行进一步的模拟分析以验证优化效果。

用 EDEM 软件对石灰石颗粒在转载系统内部的运动进行仿真,仿真结果如图 9-6 所示。

图 9-6 表明,在仿真时间为 7.25 s 时,物料的转载处于稳定状态。物料与溜槽接触时,颗粒的最大速度为 7.75 m/s,与溜管接触后,颗粒的速度骤降为 1.71 m/s。在溜槽下料时,物料的动能转化为溜槽的累积能,过大的累积能会直接导致溜槽磨损;在颗粒与

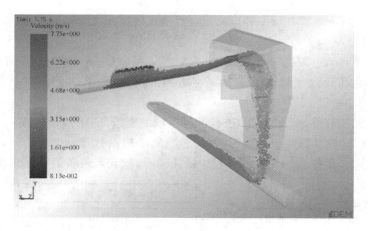

图 9-6　EDEM 仿真结果

挡料板接触阶段,物料的速度在重力与挡板阻力的作用下,一直缓慢提升,但是料流方向有近 90°的改变,这也是挡料板磨损的原因。

通过 EDEM 软件可得到转载系统在转载物料时受到的作用力、磨损量以及磨损形式,但是并不能够确定磨损的具体部位,可通过有限元软件深入探究转载系统在散料转载过程中的磨损部位。

通过 EDEM-Workbench 耦合可得到转载系统部件压力云图,如图 9-7 所示。

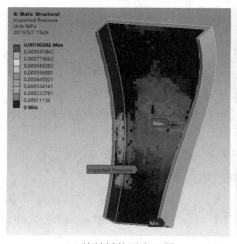　　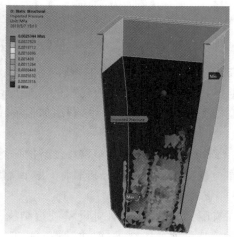

(a) 挡料板的压力云图　　　　　　　　(b) 溜槽的压力云图

图 9-7　转载系统部件的压力云图

挡料板的磨损区域主要集中在挡料板的中部区域。挡料板的上半部分为弧线形且其外表面向右下方倾斜,当物料与其接触时,物料的速度方向与挡料板的夹角较小,且物料对其正压力也较小,因此该区域磨损量小;当物料运动到中部区域时,由于挡料板的曲率半径较小,且会改变料流的运动轨迹,增大导料板的正压力,因此该区域磨损严重。从溜槽的压力云图可以看出,溜槽的磨损区域主要集中在溜槽的底部(料流的主要冲击部位),同时溜槽的中部也受到一定程度的变形与磨损。

通过上面分析，我们可以初步认识到物料转载系统的结构仿真分析与优化是一个复杂而重要的过程。采用 DEM 和 FEM 等先进的仿真技术，可以定量地评估系统的性能并发现潜在的问题，从而根据仿真结果提出优化方案，以提高设备性能，降低能耗和延长使用寿命。因此，在物料转载系统的设计和优化过程中应充分利用这些仿真技术。

9.4　基于 CFD 立磨全流域流场数值模拟研究

立磨（也称为立式磨机或立式辊磨机）是一种广泛应用于水泥、电力、冶金等行业的重要粉磨设备。其工作原理是通过旋转的磨盘和磨辊对物料进行挤压和研磨，同时利用气流将细粉带出磨机。对立磨全流域流场进行数值模拟研究，可以帮助深入理解磨机内部的流体动力学行为，优化磨机设计，提高粉磨效率和降低能耗。

对立磨全流域流场的数值模拟，常用的方法包括 CFD 方法。CFD 方法通过求解流体流动的控制方程（如纳维-斯托克斯方程），来预测流体在特定条件下的行为。在立磨的模拟中，需要考虑气流与物料颗粒、磨盘、磨辊等固体边界的相互作用。

首先，根据立磨的实际结构建立三维几何模型。这包括磨盘、磨辊、选粉机、气流通道等关键部件。几何模型的准确性对模拟结果有重要影响。将几何模型进行网格划分，这是数值模拟的关键步骤之一。网格的质量直接影响模拟的精度和计算效率。在立磨的模拟中，需要特别注意磨盘与磨辊接触区域、气流通道等关键区域的网格细化。

然后，设置边界条件与初始条件。

1) 边界条件

入口边界：设置气流入口的速度、温度、压力等参数。

出口边界：通常设置为压力出口或质量流量出口，根据模拟需求选择。

壁面边界：设置磨盘、磨辊、壳体等固体边界的摩擦系数、温度等参数。

颗粒边界：如果模拟中考虑物料颗粒，则需要设置颗粒的初始位置、速度、大小、密度等参数。

2) 初始条件

首先，设置模拟开始时流场内的初始速度、温度、压力等参数。

然后，选择合适的求解器（如压力基求解器或密度基求解器），设置求解算法（如 SIMPLE 算法）、湍流模型（如 $k\text{-}\varepsilon$ 模型、大涡模拟（LES）模型等）、离散化方法等。

最后，进行模拟计算与结果分析，分析气流在立磨内的流动路径和速度分布，评估气流对物料颗粒的携带和分散作用；研究磨盘与磨辊之间的气流压力分布，评估其对研磨效果的影响；分析选粉机区域的流场特性，优化选粉效率；评估立磨内部的能量损失和压降，提出节能降耗的措施。

根据模拟结果，对立磨的结构和操作参数进行优化设计，如调整磨盘与磨辊的间隙、优化气流通道的形状和尺寸、改进选粉机的结构等，以提高粉磨效率和降低能耗。

立磨内流场颗粒轨迹如图 9-8 所示，物料在立磨内做三维螺旋上升运动。由于立磨内部流场的复杂性，物料颗粒的轨迹也呈现出多样性。不同粒径、不同密度的颗粒在流场中的运动轨迹各不相同。颗粒轨迹不仅展示了颗粒的静态位置，更重要的是揭示了颗粒随时间的动态变化过程。通过轨迹图,可以观察到颗粒在流场中的加速、减速、碰撞、分离等动态行为。

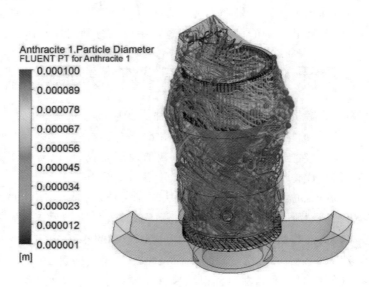

图 9-8　立磨内流场颗粒轨迹

另外,在立磨内,气流与物料颗粒之间存在强烈的相互作用和耦合关系。颗粒轨迹图不仅反映了颗粒的运动情况,也间接反映了气流场的分布和变化。

观察颗粒在立磨内的分布情况,可以判断是否存在颗粒聚集或分布不均的现象。这有助于优化磨机结构,改善颗粒的分散性;分析颗粒的运动轨迹,了解颗粒在流场中的加速、减速、转向等运动特征;有助于揭示立磨的粉磨机理,提高粉磨效率;研究颗粒之间的碰撞以及颗粒与磨盘、磨辊等部件的碰撞情况,分析碰撞对颗粒破碎和分级的影响,优化碰撞参数以提高分离效率。通过颗粒轨迹图,可以评估立磨内部的能量消耗情况,观察气流场对颗粒的携带和分散作用,以及颗粒在磨盘、磨辊上的摩擦和碰撞作用,从而估算立磨的能耗水平。

本章思考题

1. 请简述粉体数值模拟研究的目的和意义。
2. 粉体的数值模拟方法主要有哪些?请简述各模拟方法的内容、步骤和特点。
3. 请简述 Rocky-DEM 的特点及应用领域。
4. 颗粒在散料转载系统中的运动轨迹有何特点?
5. 请简述 DEM-FEM 耦合分析方法的内容、目的及步骤。
6. 颗粒在流场中的运动轨迹图对指导设备结构操作参数优化设计有哪些意义?

参 考 文 献

[1] 谢洪勇,刘志军,等.粉体力学与工程[M].3版.北京:化学工业出版社,2021.
[2] 陶珍东,郑少华.粉体工程与设备[M].3版.北京:化学工业出版社,2014.
[3] 郭晓浩.基于DEM-FEM的散状物料转载系统的磨损研究[D].武汉:武汉理工大学,2019.
[4] 魏诗榴.粉体科学与工程[M].广州:华南理工大学出版社,2006.
[5] 赵家林,王超会,王玉慧.粉体科学与工程[M].北京:化学工业出版社,2018.
[6] 叶涛,刘付志标.基于EDEM反击式破碎机的数值仿真研究[J].矿业研究与开发,2017(2):62-65.
[7] 周仕学,张鸣林.粉体工程导论[M].北京:科学出版社,2013.
[8] 张长森,程俊华,吴其胜,等.粉体技术及设备[M].广州:华东理工大学出版社,2007.
[9] 盖国胜,陶珍东,丁明.粉体工程[M].北京:清华大学出版社,2009.
[10] 蒋阳,程继贵.粉体工程[M].合肥:合肥工业大学出版社,2006.
[11] 赵洪义.绿色高性能生态水泥的合成技术[M].北京:化学工业出版社,2007.
[12] 叶涛.多组分粉体混合过程的理论分析与实验研究[D].武汉:武汉理工大学,2009.
[13] 洪晓轩.粉体混合评价技术的研究进展[J].中国新药杂志,2020,29(14):1607-1614.
[14] 尘沙云.药物流化床制粒的影响因素与过程分析技术的应用综述[EB/OL].(2024-07-02)[2021-03-22]. https://baijiahao.baidu.com/s?id=16949284728021 19319&wfr=spider&for=pc.
[15] 任云鹏,李安帅,李旭东,等.基于DEM-MBD的高压辊磨机仿真模型及应用研究[J].金属矿山,2023(9):164-172.
[16] JOHANSSON M,EVERTSSON M. A time dynamic model of a high pressure grinding rolls crusher[J]. Minerals Engineering,2019,132:27-38.
[17] 杨海伦.水泥粉体气力均化过程的数值模拟研究[D].武汉:武汉理工大学,2011.
[18] 王伟.生料气力均化过程的模拟与分析[D].武汉:武汉理工大学,2012.
[19] 郭建波.基于离散单元法的高压辊磨机性能分析及辊面优化研究[D].长春:吉林大学,2023.
[20] ANDRÉ F P,TAVARES L M. Simulating a laboratory-scale cone crusher in DEM using polyhedral particles[J]. Powder Technology,2020(372),362-371.